风电企业安全设施配置手册

陈立伟　主编

中国电力出版社
CHINA ELECTRIC POWER PRESS

图书在版编目（CIP）数据

风电企业安全设施配置手册／陈立伟主编 . —北京：中国电力出版社，2018.6
ISBN 978-7-5198-2013-8

Ⅰ.①风… Ⅱ.①陈… Ⅲ.①风力发电装置－安全设备－配置－手册Ⅳ.① TM614-62

中国版本图书馆 CIP 数据核字（2018）第 088930 号

出版发行：中国电力出版社
地　　址：北京市东城区北京站西街 19 号（邮政编码 100005）
网　　址：http://www.cepp.sgcc.com.cn
责任编辑：宋红梅　娄雪芳（010-63412383）
责任校对：王小鹏
装帧设计：王红柳
责任印制：蔺义舟

印　　刷：北京盛通印刷股份有限公司
版　　次：2018 年 6 月第一版
印　　次：2018 年 6 月北京第一次印刷
开　　本：889 毫米 ×1194 毫米 32 开本
印　　张：5.25
字　　数：135 千字
印　　数：0001—2000 册
定　　价：60.00 元

编审名单

主　　编　陈立伟

副 主 编　田新利　辛　峰　王浩毅　王　明　刘天雷

编审人员　王金山　李　鹤　王友勇　石鑫宝　梁大鹏　周振百　荆　科

　　　　　迟风臣　王大福　张晓伟　宋祥斌　徐　伟　张　石　宋江平

　　　　　隋丽娜　李学刚　毛文创　罗爱珍　刘殿辉　袁宝文　李志伟

　　　　　崔　博　戚亚男　魏红超　周忠新　郁永祥

前言

　　实施安全设施标准化，为员工创造安全、舒适的工作环境，告知本企业和周边人员的现场安全风险，宣传企业安全文化，既是《安全生产法》的要求，也是实现本质安全，建设和谐企业的需要。

　　本手册依据相关国家标准、电力行业标准编写，明确了安全标识配置原则，确定部位和标准，规范安全标识牌尺寸，规范安全设施管理。手册分设计标准、安全标识、目视化综合管理、消防设施标识、职业健康、设备标识、安全警示与防护、交通标识、安全管理展板共九章，采用图示与配置说明相结合的方式，图文并茂、简明清晰、内容丰富，全面概括了风电企业现场的设备、设施、介质流向等需要警示、告知、指示、提示的标识，完善作业环境，减少装置性违章，为企业经营发展夯实了安全基础。

编者

2018.4

目录

前言

目录

7　安全警示与防护

8　交通标识

9　安全管理展板

风电企业安全设施配置手册

配置手册

1 引用标准和设计原则

1.1 引用标准

GB 2890《呼吸防护 自吸过滤式防毒面具》

GB 2893《安全色》

GB/T 2893.1《图形符号 安全色和安全标志 第 1 部分：安全标志和安全标记的设计原则》

GB 2894《安全标志及其使用导则》

GB 3445《室内消火栓》

GB 4053.1《固定式钢梯及平台安全要求 第 1 部分：钢直梯》

GB 4053.2《固定式钢梯及平台安全要求 第 2 部分：钢斜梯》

GB 4053.3《固定式钢梯及平台安全要求 第 3 部分：工业防护栏杆及钢平台》

GB 5226.1《机械电气安全机械电气设备 第 1 部分：通用技术条件》

GB 5768.2《道路交通标志和标线 第 2 部分：道路交通标志》

GB 6095《安全带》

GB 7231《工业管道的基本识别色、识别符号和安全标识》

GB 13495.1《消防安全标志 第 1 部分：标志》

GB 13690《化学品分类和危险性公示通则》

GB 14561《消火栓箱》

GB 15052《起重机 安全标志和危险图形符号 总则》

GB 15630《消防安全标志设置要求》

GB 18218《危险化学品重大危险源辨识》

GB 50140《建筑灭火器配置设计规范》

GB 50303《建筑电气工程施工质量验收规范》

GB/T8196《机械安全 防护装置 固定式和活动式防护装置设计与制造一般要求》

GB/T11651《个体防护装备选用规范》

GB/T 29481《电气安全标志》

GBZ 158《工作场所职业病危害警示标识》

GA 124《正压式消防空气呼吸器》

GA 139《灭火器箱》

DL/T 1621《发电厂轴瓦巴氏合金焊接技术导则》

DL/T 639《六氟化硫电气设备运行、试验及检修人员安全防护导则》

DL 5027《电力设备典型消防规程》

NB/T31088《风电场安全标识设置设计规范》

1.2　配色原则

国家安全色规范				
禁止 / 消防 C:0 M:100 Y:100 K:0	注意 / 警告 / 危险 C:0 M:20 Y:100 K:0	遵守 / 指令 C:100 M:50 Y:0 K:0	安全信息 C:100 M:0 Y:100 K:0	告知信息 C:100 M:50 Y:0 K:0
色彩应用	色彩应用	色彩应用	色彩应用	色彩应用
色彩应用说明	色彩应用说明	色彩应用说明	色彩应用说明	色彩应用说明
传达禁止、停止、危险或提示消防设备设施信息的标识用红色，对比色用白色	传达注意、警告、危险信息的标识用黄色，对比色用黑色	传达必须遵守规定的指令性信息标识用蓝色，对比色用白色	传达传递安全提示信息标识用绿色，对比色用白色	传达新能源公司企业 VI（视觉设计）形象识别系统，体现企业形象管理的规范性
示例	示例	示例	示例	示例
版式一	版式一	版式一	版式一	版式一
版式二	版式二	版式二	版式二	版式二

1.3　字体选用原则

（1）中文标题采用"方正兰亭中黑"字体。

　　　例如：安全设施标准化指导手册。

（2）中文内容采用"方正兰亭准黑简体"字体　英文标题字采用"Arial 粗体"。

　　　例如：安全设施标准化指导手册。

（3）英文标题字和内容字采用"Arial 粗体"。

1.4 色值选用原则

 C:0 M:100 Y:100 K:0

C:100 M:50 Y:0 K:0

C:0 M:20 Y:100 K:0

C:100 M:0 Y:100 K:0

风电企业安全设施配置手册

配置手册

2 安全标识

2.1　标识类型

安全标识分禁止标识、警告标识、指令标识和提示标识四大类，如图 2-1 所示。

当心坠落

警告标识

禁止烟火

禁止标识

必须戴防护眼镜

指令标识

在此工作

提示标识

图 2-1　安全标识

2.2 安全标识牌的使用要求

（1）标识牌不应设在门、窗、架等可移动的物体上，以免这些物体位置移动后，看不见安全标识。

（2）标识牌前不得放置妨碍认读的障碍物。标识牌的平面与观察者视线夹角应接近 90°，观察者位于最大观察距离时，最小夹角不低于 75°，如图 2-2 所示。

（3）标识牌应设置在明亮的环境中。多个标识牌在一起设置时，应按警告、禁止、指令、提示类型的顺序，先左后右、先上后先下的排列。

（4）安全标识至少每半年检查一次，如发现有破损、变形、褪色等不符合要求时应及时修整或更换。

（5）标识牌原则上应设置在设备区域门口左侧，如无法安装，也可根据实际情况设置在右侧。

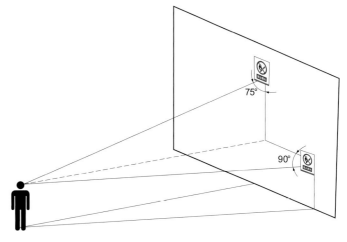

图 2-2　安全标识牌的使用要求

2.3 警告类标识

警告类标识制作标准如图 2-3 所示。警告类标识如图 2-4 所示。

警告标识牌衬底为白色，正三角形及标识符号为黑色，衬底为黄色，补充标识为黑框，字体为方正兰亭中黑字体，白色衬底。

警告标识牌的标准色：

黄色　C:0 M:0 Y:100 K:0

黑色　C:0 M:0 Y:0 K:100

警告标识制作标准：可根据现场实际，选用甲、乙、丙、丁四种规格之一。

单位：mm

规格＼尺寸	A	B	B_1	A_1	A_2
甲	500	400	305	213	125
乙	400	320	244	170	100
丙	300	240	183	128	67
丁	200	160	122	85	42

图 2-3　警告类标识制作标准

 当心坠落

 当心触电

 当心爆炸

 当心机械伤人

 当心铁屑伤人

 当心卷入

 当心扎脚

 当心烫伤

 当心夹手

 当心碰头

 当心火灾

 当心滑倒

 当心吊物

 当心叉车

 当心落物

 当心感染

 当心缝隙

 当心高温表面

 当心绊倒

 当心伤手

 注意安全

图 2-4　警告类标识（一）

当心噪声

当心淹溺

当心障碍物

当心中毒

当心坑洞

当心滑跌

当心弧光

危险!压缩气瓶

当心腐蚀

当心冻伤

当心静电

当心泄露

当心跌落

当心落水

当心塌方

注意防尘

当心启动

当心飞溅

注意通风

当心倒塌

当心挤压

图 2-4 警告类标识（二）

当心电缆

 当心冒顶

 当心裂变物质

 当心微波

 当心磁场

 当心激光

 当心有害气体中毒

 当心窒息

 当心蒸汽

 当心氧化物

 必须标准化施工

 当心皮带

 当心外溢

 当心玻璃

 当心电离辐射

 当心雷击

 当心车辆

图 2-4 警告类标识（三）

2.4 禁止类标识

禁止类标识制作标准如图 2-5 所示。禁止类标识如图 2-6 所示。

禁止标识牌衬底为白色，圆形斜杠为红色，禁止标识符号为黑色，补充标识为红底白字，字体为方正兰亭中黑。

警告标识牌的标准色：

红色　C:0 M:100 Y:100 K:0

黑色　C:0 M:0 Y:0 K:100

禁止标识制作标准：可根据现场实际，选用甲、乙、丙、丁四种规格之一。

图 2-5　禁止类标识制作标准

单位：mm

尺寸 规格	A	B	A_1	$(D)B_1$	D_1	C
甲	500	400	125	305	244	24
乙	400	320	100	244	195	19
丙	300	240	67	183	146	14
丁	200	160	42	122	98	10

禁止烟火

禁止依靠

禁止合闸 有人工作

禁止合闸线路有人工作

禁止明火作业

禁止攀登

禁止触摸

未经许可 禁止入内

禁止停留

禁止抛物

禁止堆放易燃物

禁止使用无线通信

禁止通行

禁止用水灭火

禁止带火种

禁止跳下

禁止饮用

禁止架梯

禁止吸烟

禁止靠近

禁止吊篮乘人

图 2-6　禁止类标识（一）

禁止跨越　禁止穿带钉鞋　禁止操作　禁止穿化纤服装　禁止戴手套　修理时禁止转动　运转时禁止加油

禁止启动　禁止锁闭　禁止放鞭炮　禁止混放　禁止乱动消防器材　禁止扒乘矿车　禁止单扣吊装

禁止两人同时攀登　禁止酒后上岗　禁止堆放　禁止使用雨伞　禁止拍照　禁止攀登缆线　禁止伸入

图 2-6　禁止类标识（二）

图 2-6　禁止类标识（三）

图 2-7　指令类标识制作标准

2.5　指令类标识

指令类标识制作标准如图 2-7 所示。指令类标识如图 2-8 所示。

指令标识牌衬底为白色，圆形衬底色为蓝色，指令标识符号为白色，补充标识为蓝底白字，字体为方正兰亭中黑。

指令标识牌的标准色：

蓝色　C:100 M:50 Y:0 K:0

指令标识制作标准：可根据现场实际，选用甲、乙、丙、丁四种规格之一。

单位：mm

规格 ＼ 尺寸	A	B	A_1	$(D)B_1$
甲	500	400	125	305
乙	400	320	100	244
丙	300	240	67	183
丁	200	160	42	122

必须戴防护眼镜	必须戴防尘口罩	必须穿防护鞋	必须戴安全帽	必须戴耳塞	必须穿戴防护用品	必须系安全带

必须戴防毒面具	必须戴防护帽	必须挂安全绳	必须戴防护面罩	必须穿防护服	必须戴防护手套	必须加锁

必须用防护装置	必须穿戴绝缘保护用品	必须戴防护耳器	必须通风	必须消除静电	鸣　笛	行人走道

图 2-8　指令类标识

2.6　提示类标识

　　提示类标识制作标准如图 2-9 所示。提示类标识如图 2-10 所示。

　　提示标识牌衬底为绿色，圆形衬底色为白色，提示标识符号为白色，字体为方正兰亭中黑。

提示标识牌的标准色：

绿色　C:100 M:0 Y:100 K:0

提示标识制作标准：可根据现场实际，选用甲、乙、丙三种规格之一。

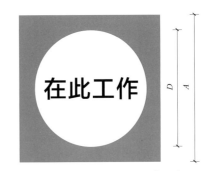

图 2-9　提示类标识制作标准

单位：mm

规　　格	参　　数	
	A	D
甲	80	65
乙	150	120
丙	250	200

击碎板面

消防梯

电话

急救站

污水排放口

一般固体废物

滑动开门L

疏散通道方向L(R)

推　　开

拉　　开

急救药箱

图 2-10　提示类标识

2.7 安全标识应用

安全标识应用原则如图 2-11 所示。

2.7.1 两个图标应用时

2.7.2 三个图标应用时

2.7.3 四个图标应用时

其他应用不在此一一列举，根据以上原则合理排放。

图 2-11 安全标识应用原则

2.8　安全标识尺寸图

安全标识尺寸如图 2-12 所示。

尺寸图（单位：mm）

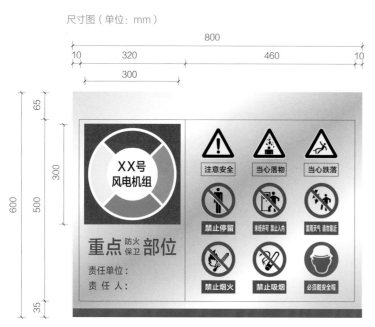

责任单位、责任人标识

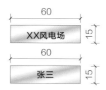

材　　质：3M 防晒帖。
安装方式：背胶固定。

图 2-12　安全标识尺寸

2.9　风电机组安全标识

风电机组安全标识如图 2-13 所示。

正面图

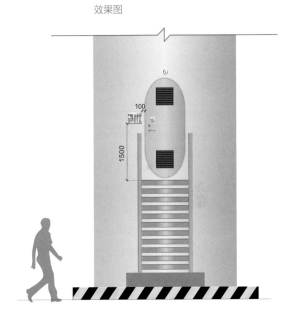

效果图

材　　质：3M 反光贴。

安装方式：背胶固定。

安装位置：标识牌右沿距塔筒门左侧间距为 100mm，标识牌底沿距防护梯
　　　　　顶平台 1500mm。

颜　　色：

红色（C:0 M:100Y:100 K:0），蓝色（C:100 M:50 Y:0 K:0），

黄色（C:0 M:20Y:100 K:0），橘色（C:0 M:60 Y:100 K:0），

绿色（C:100 M:0Y:100 K:0）

图 2-13　风电机组安全标识（一）

尺寸图（单位：mm）

效果图

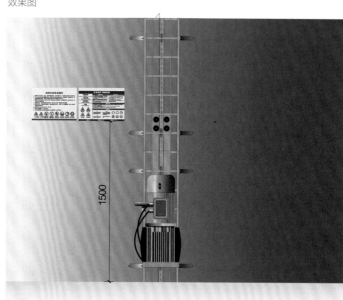

风电机组作业安全提示

1. 雷雨天气不应安装、检修、维护和巡检机组，发生雷雨天气1h内禁止靠近风电机组；
2. 进入风力机组必须戴安全帽，登塔作业必须系安全带、穿防护鞋、戴防滑手套、使用防坠落保护装置，登塔人员体重及负重不宜超过100kg；
3. 禁止使用破损及未经检验合格的安全工器具和个人防护用品；
4. 攀爬风电机组时，风速不应高于该机型允许登塔风速，风速超过18m/s时，禁止任何人员攀爬机组；
5. 攀爬机组时，应将机组置于停机状态，禁止两人在同一段塔架内同时攀爬；
6. 现场作业时，必须保持可靠通信，随时保持各作业点、监控中心之间的联络，禁止人员在风电机组内单独作业；
7. 随身携带工具人员应先下塔，后上塔；
8. 照明不足的情况下，禁止作业。

当心坠落　当心落物　禁止吸烟　禁止饮酒　禁止入内攀爬　必须戴安全帽　必须穿绝缘鞋　必须系安全带

材　　质：2mm 铝板切割，文字内容烤漆丝印。

安装方式：背胶安装。

　　　　　原则上安装于风电机组爬梯左侧，标识底端距塔筒地面 1500mm，特殊情况可根据现场实际适当调整。

颜　　色：红色（C:0 M:100Y:100 K:0），

蓝色（C:100 M:50 Y:0 K:0），

黄色（C:0 M:20 Y:100 K:0），

橘色（C:0 M:60 Y:100 K:0），

绿色（C:100 M:0Y:100 K:0）

图 2-13　风电机组安全标识（二）

尺寸图（单位：mm）

800

320

警 告
非工作人员禁止在风机塔附近逗留

材　　质：3M 反光膜 UV 打印。
安装方式：背胶安装。
安装位置：安装于风电机组塔筒朝路面方向，标识
　　　　　牌底边距风电机组基础平台 2000mm。

颜　　色：
蓝色（C:100 M:50 Y:0 K:0），
红色（C:100 M:50 Y:0 K:0）

效果图

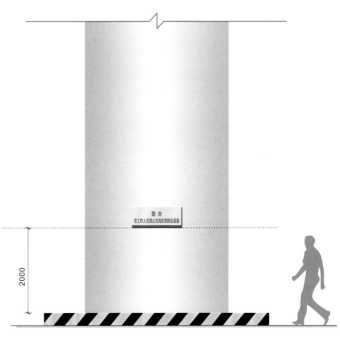

图 2-13　风电机组安全标识（三）

2.10 风电机组变压器安全标识

风电机组变压器安全标识如图 2-14 所示。

正视图

侧视图

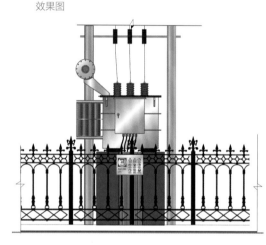

效果图

材　　质：1mm304 不锈钢激光切割，折弯 20mm，文字内容腐蚀填漆。

安装方式：螺栓固定。

安装位置：

（1）风电机组变压器四周围栏中间位置，标识牌上沿距围栏顶部 200mm，
　　　特殊情况，可根据现场实际适当调整。

（2）无围栏的风电机组变压器，标识牌底沿在风机变本体前后面，上、
　　　下、左、右水平线居中位置。

颜　　色：

红色（C:0 M:100Y:100 K:0），蓝色（C:100 M:50 Y:0 K:0），
黄色（C:0 M:20Y:100 K:0），橘色（C:0 M:60 Y:100 K:0），
绿色（C:100 M:0Y:100 K:0）

图 2-14　风电机组变压器安全标识

2.11　油品库安全标识

油品库安全标识如图 2-15 所示。

正视图

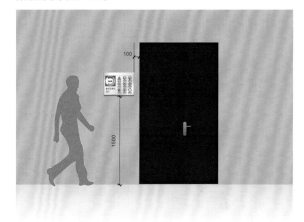

效果图（单位：mm）

材　　质：1mm 304 不锈钢激光切割，折弯 20mm，文字内容腐蚀填漆。

安装方式：铆钉安装。

安装位置：原则上标识牌应设置在门左侧，如左侧无法安装，可安装于门右侧，标识牌底边距地面 1500mm，距门框 100mm。

颜　　色：
红色（C:0 M:100Y:100 K:0），蓝色（C:100 M:50 Y:0 K:0），
黄色（C:0 M:20Y:100 K:0），橘色（C:0 M:60 Y:100 K:0），
绿色（C:100 M:0Y:100 K:0）

图 2-15　油品库安全标识

2.12 配电室安全标识

配电室安全标识如图 2-16 所示。

尺寸图（单位：mm）

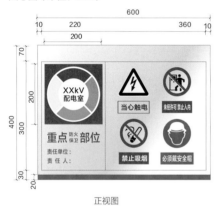

正视图

侧视图

效果图

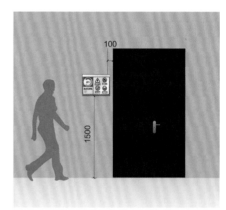

注：如断路器为六氟化硫式断路器，需增加必须通风标识。

材　　质：1mm304 不锈钢激光切割，折弯 20mm，文字内容腐蚀填漆。
安装方式：铆钉安装。
安装位置：原则上标识牌应设置在门左侧，如左侧无法安装，可安装于门右
　　　　　侧，标识牌底边距地面 1500mm，距门框 100mm。

颜　　色：
红色（C:0 M:100Y:100 K:0），蓝色（C:100 M:50 Y:0 K:0）
黄色（C:0 M:20Y:100 K:0），橘色（C:0 M:60 Y:100 K:0）
绿色（C:100 M:0Y:100 K:0）

图 2-16　配电室安全标识

2.13 主控室安全标识

主控室安全标识如图 2-17 所示。

正视图

侧视图

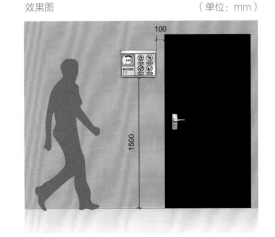

效果图   （单位：mm）

材　　质：8mm 亚克力激光雕刻，文字内容背面丝印（满铺银色）。
安装方式：广告钉固定安装。
安装位置：原则上标识牌应设置在门左侧，如左侧无法安装，可安装于
　　　　　门右侧，标识牌底边距地面 1500mm，距门框 100mm。

颜　　色：
红色（C:0 M:100Y:100 K:0），蓝色（C:100 M:50 Y:0 K:0），
黄色（C:0 M:20Y:100 K:0），橘色（C:0 M:60 Y:100 K:0），
绿色（C:100 M:0Y:100 K:0）

图 2-17　主控室安全标识

2.14　蓄电池室安全标识

蓄电池室安全标识如图 2-18 所示。

正视图

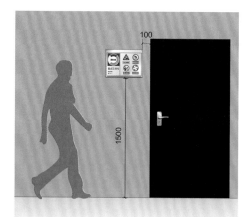

效果图　　　　　　　　　　　（单位：mm）

材　　质：8mm 亚克力激光雕刻，文字内容背面丝印（满铺银色）。
安装方式：广告钉固定安装。
安装位置：原则上标志牌应设置在门左侧，如左侧无法安装，可安装于门右
　　　　　侧，标志牌底边距地面 1500mm，距门框 100mm。

颜　　色：
红色（C:0 M:100 Y:100 K:0），蓝色（C:100 M:50 Y:0 K:0），
黄色（C:0 M:20 Y:100 K:0），橘色（C:0 M:60 Y:100 K:0），
绿色（C:100 M:0 Y:100 K:0）

图 2-18　蓄电池室安全标识

2.15　无功补偿装置安全标识

无功补偿装置安全标识如图 2-19 所示。

效果图

正视图

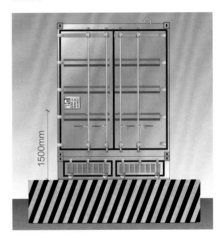

材　　质：1mm 304 不锈钢激光切割，文字内容腐蚀填漆。

安装方式：铆钉固定安装。

安装位置：

（1）集装箱式：标志牌底边距基础平台顶部 1500mm，特殊情况可适
　　　　　　当调整，面向巡检人员，安装在不经常开启门的一侧。

（2）围栏式：按照风电机组变压器围栏安全标识的设置原则设置。

颜　　色：

红色（C:0 M:100Y:100 K:0），蓝色（C:100 M:50 Y:0 K:0），
黄色（C:0 M:20Y:100 K:0），橘色（C:0 M:60 Y:100 K:0），
绿色（C:100 M:0Y:100 K:0）

图 2-19　无功补偿装置安全标识

2.16 接地变压器安全标识

接地变压器安全标识如图 2-20 所示。

正视图

材　　质：1mm304 不锈钢激光切割，文字内容腐蚀填漆。
安装方式：铆钉固定安装。
安装位置：标识牌底边距基础平台顶部 1500mm，特殊情况可适当调
　　　　　整，面向巡检人员，安装在除活动门以外的明显位置。

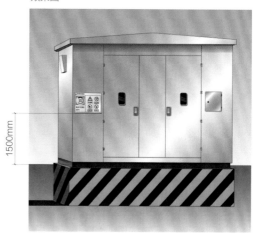

效果图

颜　　色：
红色（C:0 M:100 Y:100 K:0），蓝色（C:100 M:50 Y:0 K:0），
黄色（C:0 M:20 Y:100 K:0），橘色（C:0 M:60 Y:100 K:0），
绿色（C:100 M:0 Y:100 K:0）

图 2-20　接地变压器安全标识

2.17 水泵房安全标识

水泵房安全标识如图 2-21 所示。

正视图　　　　　　　　　　　　　侧视图

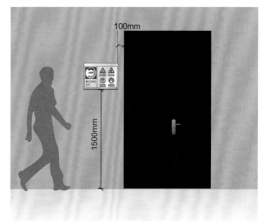

效果图

材　　质：8mm 亚克力激光雕刻，文字内容背面丝印（满铺银色）。
安装方式：广告钉固定安装。
安装位置：原则上标识牌应设置在门左侧，如左侧无法安装，可安装于
　　　　　门右侧，标识牌底边距地面 1500mm，距门框 100mm。

颜　　色：
红色（C:0 M:100 Y:100 K:0），蓝色（C:100 M:50 Y:0 K:0），
黄色（C:0 M:20 Y:100 K:0），橘色（C:0 M:60 Y:100 K:0），
绿色（C:100 M:0 Y:100 K:0）

图 2-21　水泵房安全标识

2.18　继电保护室安全标识

继电保护室安全标识如图 2-22 所示。

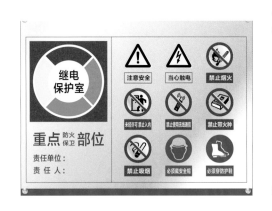

正视图　　　　　　　　侧视图

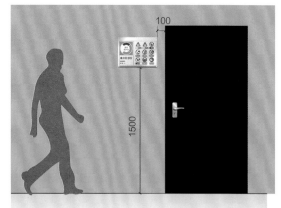

效果图　　　　　　　　　　　　（单位：mm）

材　　质：8mm 亚克力激光雕刻，文字内容背面丝印（满铺银色）。
安装方式：广告钉固定安装。
安装位置：原则上标识牌应设置在门左侧，如左侧无法安装，可安装于
　　　　　门右侧，标识牌底边距地面 1500mm，距门框 100mm。

颜　　色：
红色（C:0 M:100 Y:100 K:0），蓝色（C:100 M:50 Y:0 K:0），
黄色（C:0 M:20 Y:100 K:0），橘色（C:0 M:60 Y:100 K:0），
绿色（C:100 M:0 Y:100 K:0）

图 2-22　继电保护室安全标识

2.19　通信室安全标识

通信室安全标识如图 2-23 所示。

正视图　　　　　　侧视图

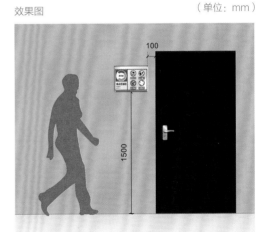

效果图　　　　　　　　　（单位：mm）

材　　质：8mm 亚克力激光雕刻，文字内容背面丝印（满铺银色）。
安装方式：广告钉固定安装。
安装位置：原则上标识牌应设置在门左侧，如左侧无法安装，可安装于
　　　　　门右侧，标识牌底边距地面 1500mm，距门框 100mm。

颜　　色：
红色（C:0 M:100Y:100 K:0），蓝色（C:100 M:50 Y:0 K:0），
黄色（C:0 M:20Y:100 K:0），橘色（C:0 M:60 Y:100 K:0），
绿色（C:100 M:0Y:100 K:0）

图 2-23　通信室安全标识

2.20　厨房安全标识

厨房安全标识如图 2-24 所示。

正视图　　　　　　　　　　　　　侧视图

效果图　　　　　　　　　　　　　（单位：mm）

材　　质：8mm 亚克力激光雕刻，文字内容背面丝印（满铺银色）。
安装方式：广告钉固定安装。
安装位置：原则上标识牌应设置在门左侧，如左侧无法安装，可安装于门
　　　　　右侧，标识牌底边距地面 1500mm，距门框 100mm。

颜　　色：
红色（C:0 M:100Y:100 K:0），蓝色（C:100 M:50 Y:0 K:0），
黄色（C:0 M:20Y:100 K:0），橘色（C:0 M:60 Y:100 K:0），
绿色（C:100 M:0Y:100 K:0）

图 2-24　厨房安全标识

2.21　档案室安全标识

档案室安全标识如图 2-25 所示。

正视图　　　侧视图

效果图　　　　　　　　　　　　　（单位：mm）

材　　　质：8mm 亚克力激光雕刻，文字内容背面丝印（满铺银色）。
安装方式：广告钉固定安装。
安装位置：原则上标识牌应设置在门左侧，如左侧无法安装，可安装于
　　　　　门右侧，标识牌底边距地面 1500mm，距门框 100mm。

颜　　　色：
红色（C:0 M:100Y:100 K:0），蓝色（C:100 M:50 Y:0 K:0），
黄色（C:0 M:20Y:100 K:0），橘色（C:0 M:60 Y:100 K:0），
绿色（C:100 M:0Y:100 K:0）

图 2-25　档案室安全标识

2.22 储藏间安全标识

储藏间安全标识如图 2-26 所示。

正视图

侧视图

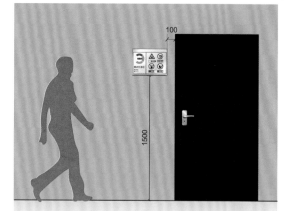

效果图 （单位：mm）

材　　质：8mm 亚克力激光雕刻，文字内容背面丝印（满铺银色）。
安装方式：广告钉固定安装。
安装位置：原则上标识牌应设置在门左侧，如左侧无法安装，可安装于门
　　　　　右侧，标识牌底边距地面 1500mm，距门框 100mm。

颜　　色：
红色（C:0 M:100Y:100 K:0），蓝色（C:100 M:50 Y:0 K:0），
黄色（C:0 M:20Y:100 K:0），橘色（C:0 M:60 Y:100 K:0），
绿色（C:100 M:0Y:100 K:0）

图 2-26 储藏间安全标识

2.23 库房安全标识

库房安全标识如图 2-27 所示。

正视图

侧视图

材　　质：1mm 304 不锈钢激光切割，折弯 20mm，文字内容腐蚀
　　　　　填漆。
安装方式：铆钉安装。
安装位置：原则上标识牌应设置在门左侧，如左侧无法安装，可安装于
　　　　　门右侧，标识牌底边距地面 1500mm，距门框 100mm。

效果图　　　　　　　　　　　　　　　　（单位：mm）

颜　　色：
红色（C:0 M:100 Y:100 K:0），蓝色（C:100 M:50 Y:0 K:0），
黄色（C:0 M:20 Y:100 K:0），橘色（C:0 M:60 Y:100 K:0），
绿色（C:100 M:0 Y:100 K:0）

图 2-27　库房安全标识

2.24 电缆夹层安全标识

电缆夹层安全标识如图 2-28 所示。

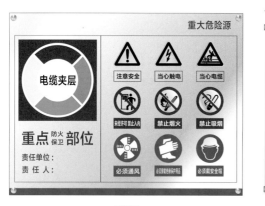

正视图

侧视图

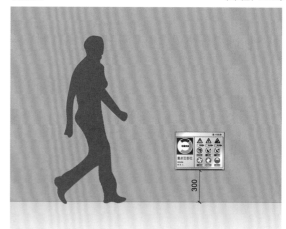

效果图 （单位：mm）

材　　质：8mm 亚克力激光雕刻，文字内容背面丝印（满铺银色）。
安装方式：广告钉固定安装。
安装位置：标识牌底边距电缆夹层盖板 300mm 。

颜　　色：
红色（C:0 M:100 Y:100 K:0），蓝色（C:100 M:50 Y:0 K:0），
黄色（C:0 M:20 Y:100 K:0），橘色（C:0 M:60 Y:100 K:0），
绿色（C:100 M:0 Y:100 K:0）

图 2-28　电缆夹层安全标识

2.25 配电柜标识

配电柜标识如图 2-29 所示。

尺寸图（单位：mm）

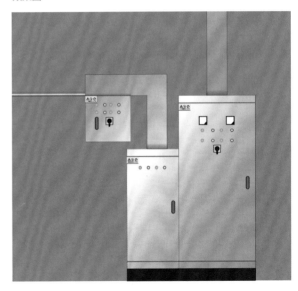

效果图

材　　质：3mm 亚克力激光切割，文字内容背面丝印（满铺银色）。
安装方式：玻璃胶固定安装。
安装位置：配电柜正门左上角。
颜　　色：
红色（C:0 M:100 Y:100 K:0），蓝色（C:100 M:50 Y:0 K:0），
黄色（C:0 M:20 Y:100 K:0）

图 2-29　配电柜标识

2.26 铁塔安全标识

铁塔安全标识如图 2-30 所示。

尺寸图（单位：mm）

正视图

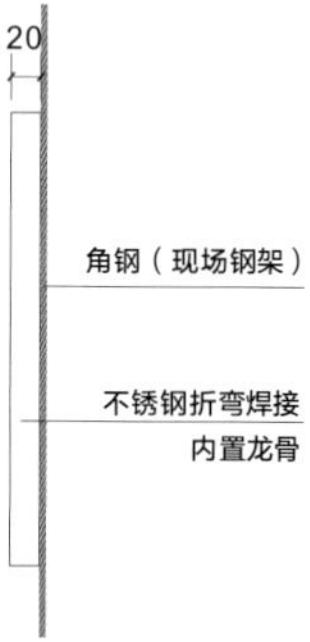

侧视图

角钢（现场钢架）

不锈钢折弯焊接
内置龙骨

效果图

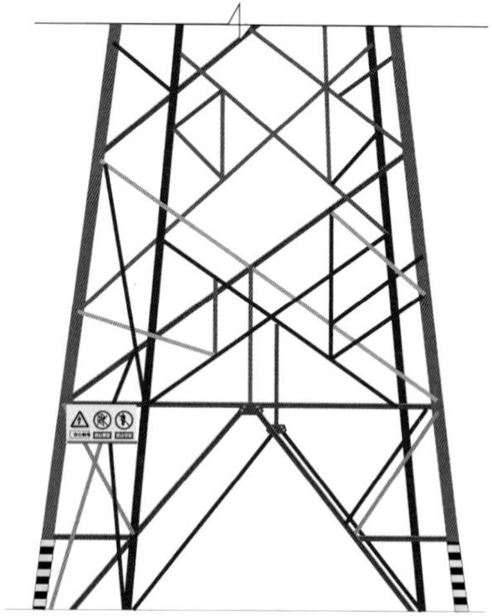

材　　质：304 不锈钢焊接折弯（20mm），文字内容腐蚀填漆，内置龙
　　　　　骨，背面焊接龙骨与钢架连接。
安装方式：螺栓固定安装。
安装位置：标识牌安装在面向人员进出路口，下数第一节横担左侧，距离
　　　　　公路外侧在 1m 内杆塔（铁架）下方图刷 1000mm 黄、黑色
　　　　　防撞警示线。

颜　色：
红色（C:0 M:100 Y:100 K:0），蓝色（C:100 M:50 Y:0 K:0），
黄色（C:0 M:20 Y:100 K:0）

图 2-30　铁塔安全标识

2.27 附着式安全标识

附着式安全标识如图 2-31 所示。

尺寸图（单位: mm）

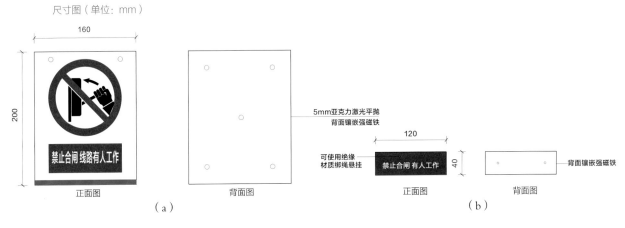

材　　质：5mm 亚克力激光切割，背面镶嵌强磁铁文字内容背面丝印（满铺银色）。
安装方式：磁铁附着式、绑绳悬挂安装。
颜　　色：
红色（C:0 M:100Y:100 K:0），蓝色（C:100 M:50 Y:0 K:0）

图 2-31　附着式安全标识

2.28 森林、草原主要路口安全标识

森林、草原主要路口安全标识如图 2-32 所示。

尺寸图（单位：mm）

正视图

侧视图

材　　质：防腐木面刷木质漆，文字雕刻填漆。
安装方式：混凝土预埋安装。　　　　　　　　颜　　色：
安装位置：通往草原、森林主要路口处。　　　红色（C:0 M:100 Y:100 K:0）

图 2-32　森林、草原主要路口安全标识

2.29 紧急集合点安全标识

紧急集合点安全标识如图 2-33 所示。

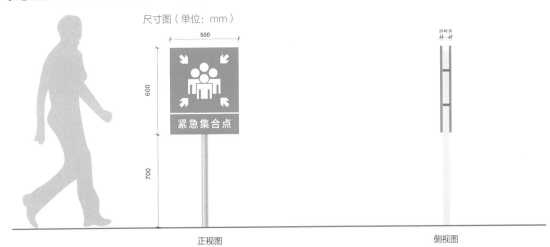

图 2-33 紧急集合点安全标识

材　　质：镀锌管支撑柱体，面板采用 2mm 铝板，面板画面采用
　　　　　3M 工程级贴膜，背面专用铝合金固件固定。
安装方式：混凝土预埋安装。
安装位置：设置在风电场较空旷区域，或离工作区域 200m 以外。

颜　　色：
绿色（C:100 M:0 Y:100 K:0）

2.30 准入标识

准入标识如图 2-34 所示。

圆形色环宽度 30～100mm。
字体为方正兰亭中黑。
根据风险等级，标识牌衬底颜色不断变化。

胸卡规格：长 105mm× 宽 70mm。
照片尺寸：标准一寸。
四色圆环的白边宽度：0.78mm。
各企业应每年公布准入人员名单。
工作人员根据胸卡所标注的颜色进入相对应的区域。

配置规范：

位置	危险等级	衬底颜色
升压站	一级	
风电机组	一级	
油品库	一级	
继电保护室	一级	
蓄电池室	一级	
XXkV 配电室	一级	
通信室	二级	
主控室	二级	
厨房	三级	
水泵房	三级	
档案房	三级	
库房	三级	
餐厅	四级	
储藏间	四级	

注：表中未涵盖的位置，各单位可根据现场危险程度自行制定。

图 2-34 准入标识

风电企业安全设施配置手册

配置手册

3 目视化综合管理

3.1 风电机组序号牌

风电机组序号牌标识如图 3-1 所示。

尺寸图（单位：mm）

效果图

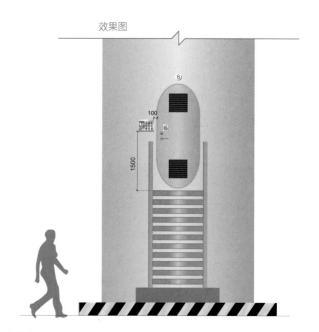

材　　质：3M 反光膜雕刻。
安装方式：背胶固定安装。
安装位置：塔筒门正上方 50mm 处。
颜　　色：红色（C:0 M:100 Y:100 K:0）

图 3-1　风电机组序号牌标识

3.2 液化气使用"四不许"标识

液化气使用"四不许"标识牌如图 3-2 所示。

尺寸图（单位：mm）

效果图

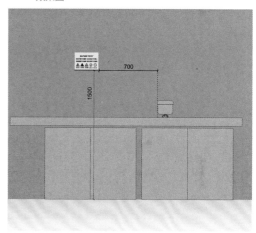

材　　质：5mm 亚克力激光雕刻，文字内容背面丝印，侧面抛光。
安装方式：玻璃胶固定安装。
安装位置：标识牌右沿距厨房灶台左侧 700mm，低沿距地面 1500mm。
　　　　　如左侧无法安装，可按相同尺寸安装于右侧。

颜　　色：
红色（C:0 M:100 Y:100 K:0），蓝色（C:100 M:50 Y:0 K:0），
黄色（C:0 M:20 Y:100 K:0

图 3-2　液化气使用"四不许"标识牌

3.3 宣传栏

宣传栏制作标准如图 3-3 所示。

（单位：mm）

顶视图

不锈钢折弯焊接

材　　质：1mm 304 不锈钢烤漆折弯，内置龙骨。表面烤漆，文字丝网印刷。

安装位置：应安装在主控楼正门两侧，距主控楼外墙体 1000mm，如安装位置或距离无法达到要求可根据现场实际情况自行调整。

安装方式：混凝土预埋。

不锈钢折弯焊接

不锈钢烤漆，标志腐蚀填漆

不锈钢烤漆，标志腐蚀填漆

画面内容3M车贴喷绘，可更换

正视图

侧视图

图 3-3　宣传栏（一）

图 3-3　宣传栏（二）

3.4 危险告知栏

危险告知栏如图 3-4 所示。

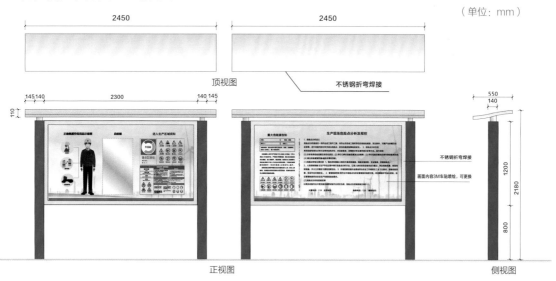

（单位：mm）

图 3-4 危险告知栏

材　　质：1mm 304 不锈钢烤漆折弯，内置龙骨。表面烤漆，文字丝网印刷。
安装位置：应安装在升压站正门两侧，距安全围栏 800mm，如安装位置或距离无法达到要求可根据现场实际情况自行调整。
安装方式：混凝土预埋。

3.5 办公室门牌

办公室门牌如图 3-5 所示。

尺寸图（单位：mm）

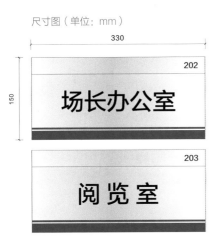

效果图

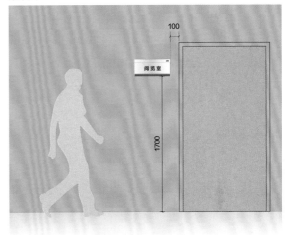

材　　质：铝型材切割烤漆，文字内容丝印。
安装方式：玻璃胶固定安装。
安装位置：原则上标识牌安装于门口左侧，距地面 1700mm，距
　　　　　门边框 100mm，如左侧无法安装，可安装于右侧。

颜　　色：
红色（C:0 M:100 Y:100 K:0），蓝色（C:100 M:50 Y:0 K:0）

图 3-5　办公室门牌

3.6 安全疏散图

安全疏散图如图 3-6 所示。

尺寸图（单位：mm）

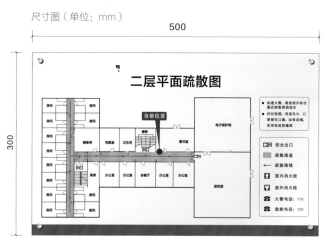

（a）楼层疏散图

材　质：8mm 厚亚克力激光雕刻，四周倒 45° 斜边，背面 UV
　　　　印刷。
安装方式：玻璃胶、广告钉固定安装。

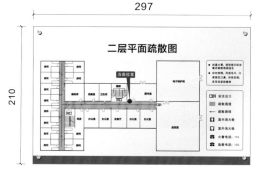

（b）房间内部疏散图

安装位置：
楼层疏散图尺寸详见图 3-6（a）。
房间内疏散图尺寸详见图 3-6（b）。
疏散图低沿距地面 1600mm。
颜　色：
红色（C:0 M:100Y:100 K:0），蓝色（C:100 M:50 Y:0 K:0），
绿色（C:100 M:0Y:100 K:0）

图 3-6　安全疏散图

3.7 防撞条

防撞条如图 3-7 所示。

尺寸图（单位：mm）

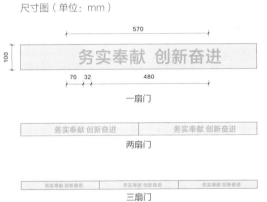

一扇门

两扇门

三扇门

材　　质：3M 磨砂贴 UV 印刷。
安装方式：背胶固定安装。
安装位置：距离地面 1350mm。

效果图

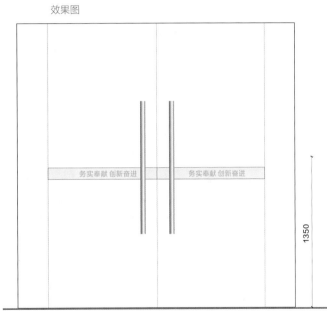

图 3-7　防撞条

3.8 工器具柜

工器具柜如图 3-8 所示。

尺寸图（单位：mm）

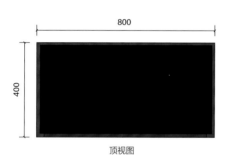

顶视图

材　质：冷轧钢板卷压成型，表面喷塑。

正面图　　　　　　　侧面图

图 3-8　工器具柜（一）

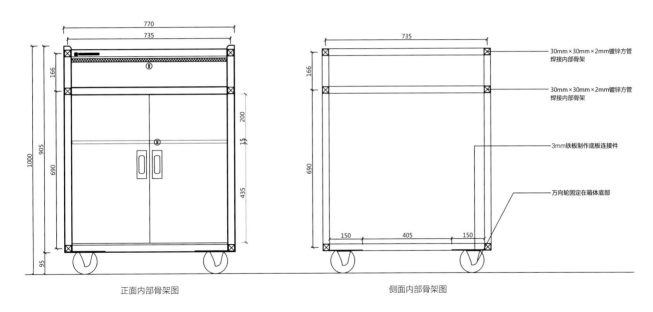

图 3-8　工器具柜（二）

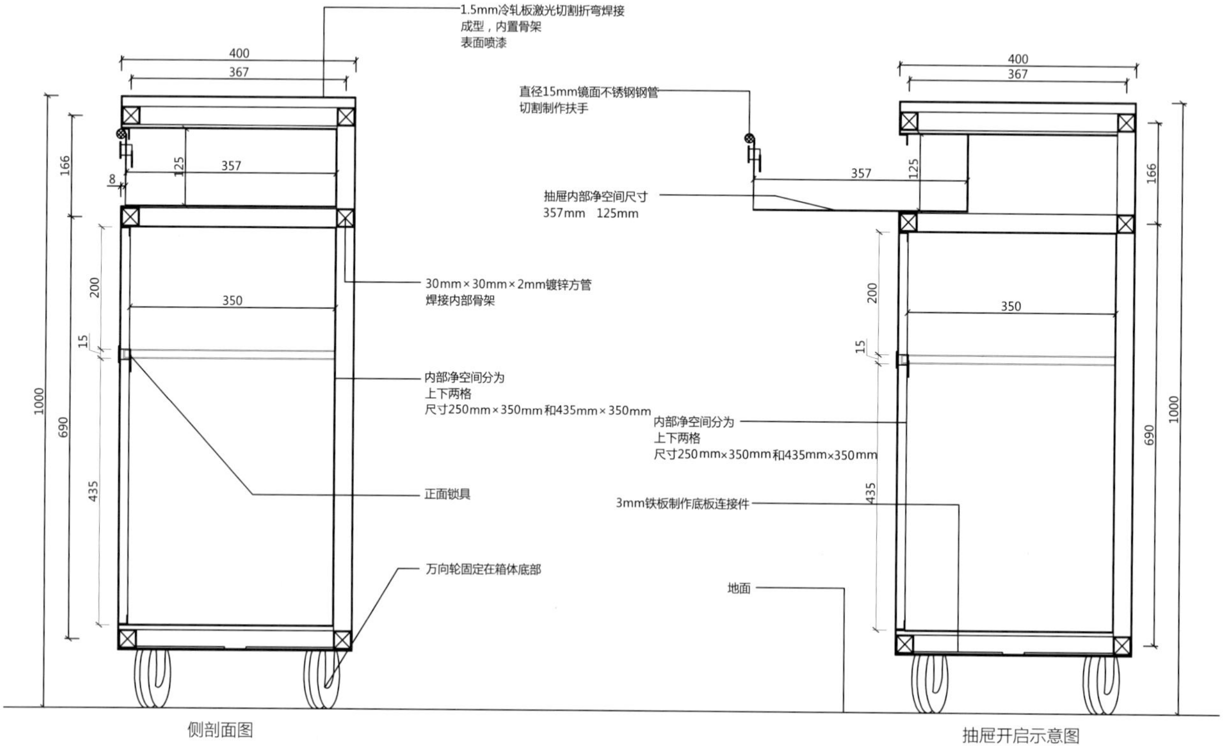

1.5mm冷轧板激光切割折弯焊接
成型，内置骨架
表面喷漆

直径15mm镜面不锈钢管
切割制作扶手

抽屉内部净空间尺寸
357mm 125mm

30mm×30mm×2mm镀锌方管
焊接内部骨架

内部净空间分为
上下两格
尺寸250mm×350mm和435mm×350mm

内部净空间分为
上下两格
尺寸250mm×350mm和435mm×350mm

正面锁具

3mm铁板制作底板连接件

万向轮固定在箱体底部

地面

侧剖面图

抽屉开启示意图

图 3-8 工器具柜（三）

风电企业安全设施配置手册

3.9 工具架

工具架如图 3-9 所示。

尺寸图（单位：mm）

类别标识

货架标识

层级门牌

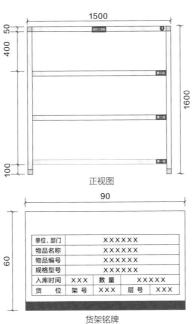

正视图

货架铭牌

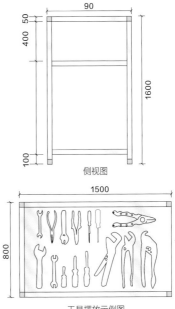

侧视图

工具摆放示例图

图 3-9 工具架

3.10　档案盒管理

档案盒管理如图 3-10 所示。

（单位：mm）

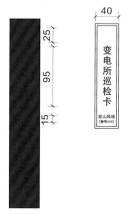

尺寸布局图

安装位置图

（1）辅助图形材质为不干胶贴。
（2）辅助图形的尺寸根据档案盒个数灵活调整。
（3）粘贴位置详见左侧位置图。

辅助图形

图 3-10　档案盒管理

风电企业安全设施
配置手册

4 消防设施标识

4.1　消防标识

消防标识如图 4-1 所示。

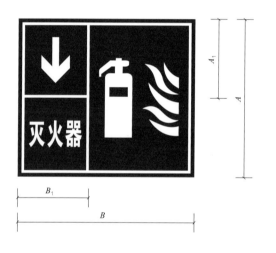

消防标识牌衬底色为红色，矩形边框底色为白色，标识符号为白色，文字辅助标识为红底白字、字体为方正兰亭中黑。

红色（C:0 M:100 Y:100 K:0）

消防标识制作标准： 可根据现场实际，选用甲、乙两种规格之一。

单位：mm

参数种类	B	A	B₁	A₁
甲	500	400	200	250
乙	350	300	140	150

图 4-1　消防标识（一）

图 4-1　消防标识（二）

4.2 消防报警

消防报警标识如图 4-2 所示。

尺寸图（单位：mm）

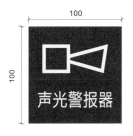 

效果图

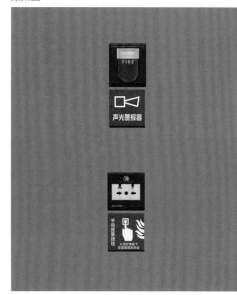

材　　质：3mm 亚克力激光雕刻丝印荧光漆。
安装方式：玻璃胶固定安装。
安装位置：标志顶沿距报警器正下方 100mm。
颜　　色：红色（C:0 M:100 Y:100 K:0）

图 4-2　消防报警标识

4.3 消防水介质流向

消防水介质流向标识如图 4-3 所示。

设置规范：10m 以上的长管道宜每 10m 标注一次。

材　　质：3m 反光贴。
安装位置：标签上沿距消防泵顶部 100mm。

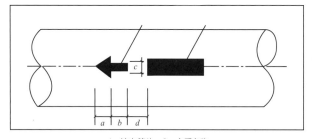

1—流向箭头；2—介质名称

消防管道尺寸参考表

单位：mm

管道外径或保温层外径	a	b	c	d
≤ 100	40	60	30	60
101~200	60	90	45	80
201~300	80	120	60	100
301~500	100	150	75	120
≥ 500	120	180	90	150

图 4-3　消防水介质流向标识（一）

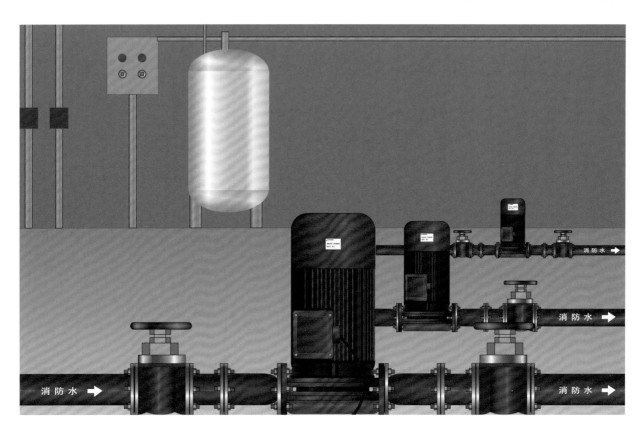

图 4-3　消防水介质流向标识（二）

4.4 消防警戒线

消防警戒线标识如图4-4所示。

尺寸图（单位：mm）

效果图

材　　质：环氧树脂漆（红）涂刷。
安装方式：涂刷2~3遍，如设备安装在水泥台上，沿水泥台边缘划线，拐角处警示线保持90°垂直。
颜　　色：红色（C:0 M:100 Y:100 K:0）

图4-4　消防警戒线标识

4

消防设施标识

67

4.5 灭火器

灭火器标识如图 4-5 所示。

（单位：mm）

图 4-5 灭火器标识

4.6 消防沙箱

消防沙箱如图 4-6 所示。

尺寸图（单位：mm）

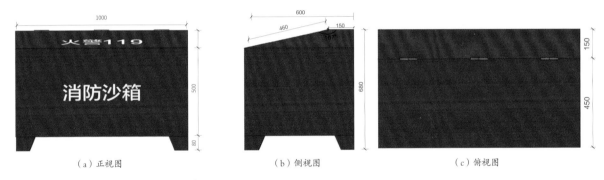

（a）正视图　　　　　（b）侧视图　　　　　（c）俯视图

材　　质：箱体均采用优质冷压铁板制作，箱体表面采用防静电喷涂。

图 4-6　消防沙箱（一）

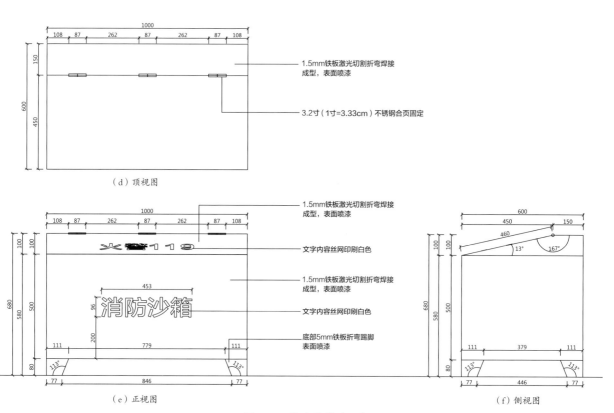

（d）顶视图

1.5mm铁板激光切割折弯焊接成型，表面喷漆

3.2寸（1寸=3.33cm）不锈钢合页固定

1.5mm铁板激光切割折弯焊接成型，表面喷漆

文字内容丝网印刷白色

1.5mm铁板激光切割折弯焊接成型，表面喷漆

文字内容丝网印刷白色

底部5mm铁板折弯踢脚表面喷漆

火警119

消防沙箱

（e）正视图

（f）侧视图

图 4-6　消防沙箱（二）

4.7 灭火器箱

灭火器箱如图 4-7 所示。

尺寸图（单位：mm）

（a）正视图

（b）侧视图

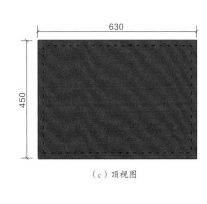

（c）顶视图

材　　质：箱体均采用优质冷压铁板制作，箱体表面采用防静电喷涂。

图 4-7　灭火器箱（一）

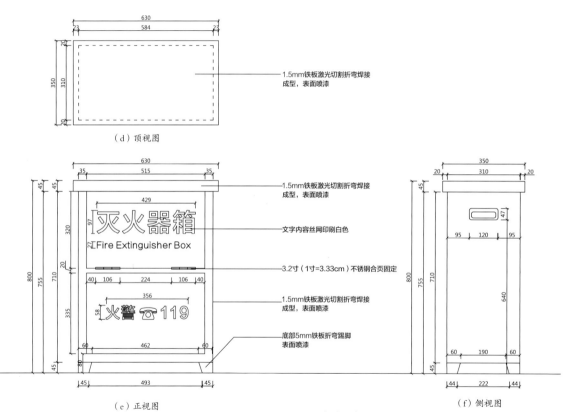

（d）顶视图

1.5mm铁板激光切割折弯焊接成型，表面喷漆

1.5mm铁板激光切割折弯焊接成型，表面喷漆

灭火器箱
Fire Extinguisher Box

文字内容丝网印刷白色

3.2寸（1寸=3.33cm）不锈钢合页固定

火警☎119

1.5mm铁板激光切割折弯焊接成型，表面喷漆

底部5mm铁板折弯踢脚表面喷漆

（e）正视图

（f）侧视图

图 4-7　灭火器箱（二）

4.8 消防器材库

消防器材库如图 4-8 所示。

尺寸图 (单位: mm)

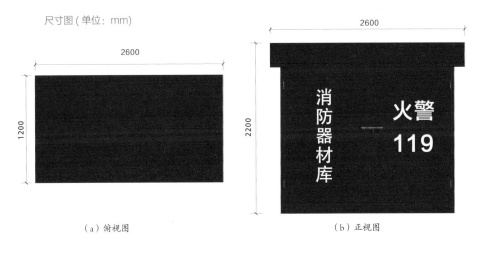

（a）俯视图　　　　　　　　　（b）正视图

（c）侧视图

材　　质：1.5mm 冷轧钢板，卷压焊接成型，钢板厚度 1.5mm，表面烤氟碳漆。
安装位置：室外重点防火部位附近。
颜　　色：红色（C:0M:100Y:100K:0）

图 4-8　消防器材库（一）

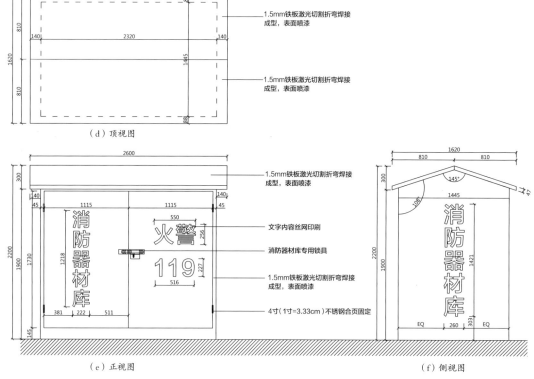

（d）顶视图

1.5mm铁板激光切割折弯焊接
成型，表面喷漆

1.5mm铁板激光切割折弯焊接
成型，表面喷漆

1.5mm铁板激光切割折弯焊接
成型，表面喷漆

文字内容丝网印刷

消防器材库专用锁具

1.5mm铁板激光切割折弯焊接
成型，表面喷漆

4寸（1寸=3.33cm）不锈钢合页固定

（e）正视图

（f）侧视图

图4-8 消防器材库（二）

4.9 消防栓使用方法

消防栓使用方法标识牌如图4-9所示。

尺寸图（单位：mm）

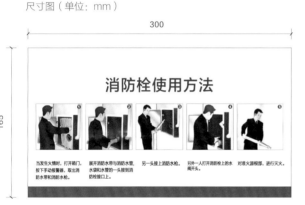

材　　质：3mm亚克力雕刻，文字内容UV印刷，侧面抛光。
安装方式：玻璃胶固定安装。
安装位置：于消防栓本体上沿齐平。标识牌右沿距消防栓100mm。
颜　　色：红色（C:0M:100Y:100:K0），蓝色（C:100 M:50Y:0K:0）

效果图

图 4-9　消防栓使用方法

4.10 手提式、手推式灭火器使用方法

手提式、手推式灭火器使用方法标识牌如图 4-10 所示。

尺寸图（单位：mm）

效果图

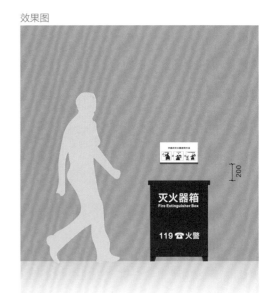

材　　质：3mm 亚克力雕刻，文字内容 UV 印刷，侧面抛光。
安装方式：玻璃胶固定安装。
安装位置：标识牌低沿距灭火器箱顶部 200mm，在灭火器箱上方居中位置。
颜　　色：红色（C:0 M:100 Y:100 K:0），蓝色（C:100 M:50 Y:0 K:0）

图 4-10　手提式、手推式灭火器使用方法标识牌

4.11 防火隔墙

防火隔墙标识牌如图 4-11 所示。

尺寸图（单位：mm）

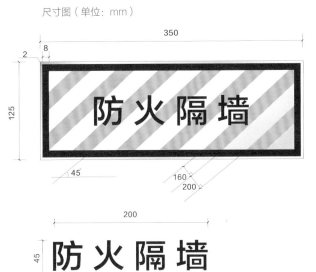

效果图

材　　质：1.2mm304 不锈钢激光切割，文字内容腐蚀填漆。
安装方式：玻璃胶固定安装。
安装位置：防火隔离墙上方盖板居中位置。
颜　　色：红色（C:0 M:100 Y:100 K:0），黄色（C:0 M:20 Y:100 K:0）

图 4-11　防火隔墙标识牌

4.12　紧急出口

紧急出口标识如图 4-12 所示。

尺寸图（单位：mm）

效果图

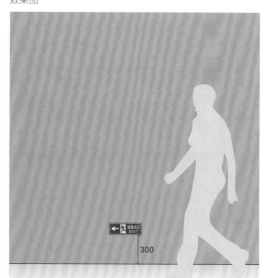

材　　质：2mm 铝板切割烤漆丝印，夜间自发光。
安装方式：玻璃胶固定安装。
安装位置：人员进出通道两侧墙壁下方，距地面 300mm，
　　　　　每隔 5m 设置一块。
颜　　色：夜光色。

图 4-12　紧急出口标识

4.13 安全出口

安全出口标识尺寸图和效果图如图 4-13 所示。

尺寸图（单位：mm）

材　　质：2mm 铝板切割烤漆丝印，夜间自发光。
安装方式：玻璃胶固定安装。
安装位置：标识牌低沿距逃生门正上方 100mm。
颜　　色：夜光色。

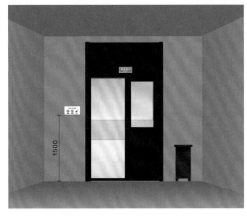

效果图

材　　质：5mm 亚克力切割，背面丝印，侧面抛光。
安装方式：玻璃胶固定安装。
安装位置：标识牌底边距地面 1500mm，距门边框 100mm。
颜　　色：红色（C:0 M:100 Y:100 K:0），蓝色（C:100 M:50 Y:0 K:0），
　　　　　绿色（C:100 M:0 Y:100 K:0）

图 4-13　安全出口标识

4.14　消防器材检查卡

消防器材检查卡如图 4-14 所示。

尺寸图（单位：mm）

材　　质：挂签采用 250g 铜版纸双面印刷。
安装方式：吊绳穿孔悬挂。
安装位置：顶部打孔悬挂于灭火器本体。

效果图

图 4-14　消防器材检查卡

风电企业安全设施配置手册

5 职业健康

5.1 职业健康告知卡

职业健康告知卡如图 5-1 所示。

尺寸图（单位：mm）

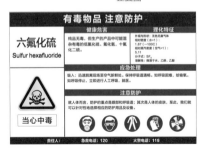

正面图

材　　质：1.0 铝板切割烤漆丝印。
安装方式：背胶固定。
颜　　色：红色（C:0 M:100 Y:100 K:0），蓝色（C:100 M:50 Y:0 K:0），
　　　　　黄色（C:0 M:20 Y:100 K:0）

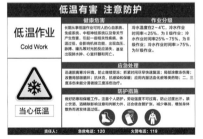

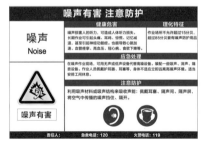

图 5-1　职业健康告知卡

5.2 风电机组内部职业健康告知卡

风电机组内部职业健康告知卡如图 5-2 所示。

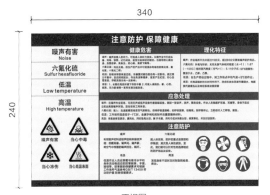

正视图

效果图

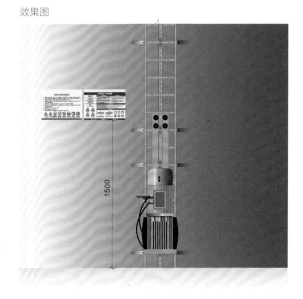

材　　质：2mm 铝板切割，文字内容烤漆丝印。

安装方式：背胶安装。

　　原则上安装于风机爬梯左侧，标识底端距塔筒地面 1500mm，特殊情况可根据现场实际适当调整。

颜　　色：红色（C:0 M:100 Y:100 K:0），蓝色（C:100 M:50 Y:0 K:0），黄色（C:0 M:20 Y:100 K:0），橘色（C:0 M:60 Y:100 K:0），绿色（C:100 M:0 Y:100 K:0）

图 5-2　风电机组内部职业健康告知卡

5.3 职业健康危害公告栏

职业健康危害公告栏如图 5-3 所示。

效果图

尺寸图（单位：mm）

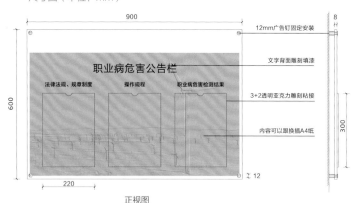

正视图

材　　质：8mm 亚克力激光雕刻，文字内容背雕填漆，底纹 UV 印刷。
　　　　　3+2 透明亚克力粘盒子，可放 A4 纸。
安装方式：广告钉固定安装。
安装位置：一般情况安装在主控室，如主控室无法安装，可安装于楼道，公告栏底沿距离地面 1500mm。

图 5-3 职业健康危害公告栏

5.4 应急处置卡公告栏

应急处置卡公告栏如图 5-4 所示。

尺寸图（单位：mm）

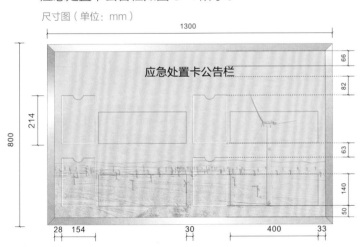

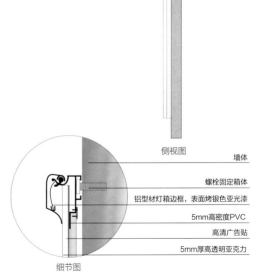

侧视图

细节图

墙体
螺栓固定箱体
铝型材灯箱边框，表面烤银色亚光漆
5mm高密度PVC
高清广告贴
5mm厚高透明亚克力

材　　质：铝型材边框切割烤银色漆，内置高度密 PVC 裱 3M 车贴；
　　　　　3+2 透明亚克力粘结资料盒便于放置。
安装方式：挂孔安装。
安装位置：安装在主控室明显位置，标识牌底沿距离地面 1500mm。

图 5-4　应急处置卡公告栏

5.5 应急处置卡

应急处置卡如图 5-5 所示。

148

210

高温中暑应急处置卡

序号	应急处置措施	执行情况
1	尽快将中暑者从高温或日晒环境中转移到阴凉通风处	
2	让病人平卧，脱去或者松开衣物	
3	用湿毛巾擦拭全身，反复擦拭四肢和腋窝	
4	给意识清醒的病人或经过降温后意识清醒的病人喝淡盐水或绿豆汤解暑	
5	经过降温不能缓解病情，立即送往医院救治	
6	现场人员同时将情况汇报厂长	

安全注意事项

序号	内容
1	不要一次大量饮水，应采用少量多次的饮水方法，每次不超过300mL
2	中暑患者大多脾胃虚弱，大量食用生冷食物或寒性食物会出现腹泻、腹痛等症状
3	在恢复过程中，饮食应清淡，少吃油腻食物

正面

应急物资准备

序号	物资名称	数量	存放点
1	湿毛巾	一条	
2	淡盐水	适量	
3	酒精	适量	

应急联系方式

单位	部门职务	手机	办公电话
辽宁公司	风场场长		
辽宁公司	生技部主任		
辽宁公司	安监部主任		
辽宁公司	副总经理		
辽宁公司	总经理		
新能源公司	值班室		
东北能监局	值班室		
朝阳市急救中心	值班室		
建平县安监局	值班室		
建平县医院	值班室		
建平县消防大队	值班室		
建平县公安局	值班室		

反面

8

❶❷❸❹❺

高温中暑应急处置卡

序号	应急处置措施	执行情况
1	尽快将中暑者从高温或日晒环境中转移到阴凉通风处	
2	让病人平卧，脱去或者松开衣物	
3	用湿毛巾擦拭全身，反复擦拭四肢和腋窝	
4	给意识清醒的病人或经过降温后意识清醒的病人喝淡盐水或绿豆汤解暑	
5	经过降温不能缓解病情，立即送往医院救治	
6	现场人员同时将情况汇报厂长	

安全注意事项

序号	内容
1	不要一次大量饮水，应采用少量多次的饮水方法，每次不超过300mL
2	中暑患者大多脾胃虚弱，大量食用生冷食物或寒性食物会出现腹泻、腹痛等症状
3	在恢复过程中，饮食应清淡，少吃油腻食物

依次排列

材　　质：250g 铜版纸打印覆亚光膜。

图 5-5　应急处置卡

风电企业安全设施配置手册

6 设备标识

（1）设备、建（构）筑物标识包括主设备标识、辅助设备标识、电气设备标识、器具标识和建（构）筑物标识，设备标识宜采用标识牌的形式。

（2）设备命名应为双重名称，由设备名称和设备编号组成。

（3）设备、建（构）筑物名称应定义清晰，具有唯一性。

（4）设备、建（构）筑物标识牌基本形式为矩形，衬底为不锈钢本色，边框、编号文字为红色（接地设备标识牌的边框、文字为黑色），字体为方正兰亭中黑，字号根据标识牌尺寸、字数适当调整。

（5）设备、建（构）筑物名称中的序号应用阿拉伯数字加汉字"号"表示，名称用汉字表示。

（6）断路器标识牌应标明电压等级、调度号、设备名称，断路器标识牌安装固定于断路器操作机构箱醒目处，分相操作的断路器标识牌安装在每相操作机构箱上醒目处，并标明相别。

（7）隔离开关、电流互感器、电压互感器、避雷器、控制箱、端子箱标识牌制作标准和配置规范等同于断路器。

（8）线路每基杆塔须悬挂线路名称、杆号牌，对同杆架设的多条线路，采用不同颜色标识牌加以区分，110kV及以上电压等级线路，悬挂高度距地面3m，110kV以下电压等级线路，悬挂高度距地面2m，相邻近（100m以内）平行线路的每基杆塔、交叉跨越线路杆塔须增加一块标识牌，标识牌须面向公路侧悬挂。

（9）集电线路在9条以内，标志牌背景颜色宜采用1号蓝色、2号中黄、3号橙色、4号红色、5号绿色、6号紫色、7号玫瑰红、8号金色、9号深绿区分，同塔（杆）架设双回电力电缆线路宜采用在一块标识牌上注明双回线路名称及编号的类型。

（10）线路相位标识牌在起始杆、终端杆、换位杆及其前后第一基杆塔每相配置。

6.1 避雷器标识

避雷器标识如图6-1所示。

尺寸图（单位：mm）

材　　质：3M反光膜高精度丝印。
安装方式：背胶粘贴。
安装位置：面向巡检人员，标识牌底边距地面高1700mm。

效果图

图6-1　避雷器标识

6.2 变压器标识

变压器标识如图 6-2 所示。

尺寸图（单位：mm）

280

210

1号主变压器

10

注：特殊情况，可同比例缩放。

材　　质：1.2mm304 不锈钢激光切割，文字内容腐蚀填漆。

安装方式：玻璃胶固定安装，特殊情况可根据现场实际自行决定固定方式。

安装位置：标识牌底沿在主变压器本体前后面上、下、左、右水平线居中位置。

效果图

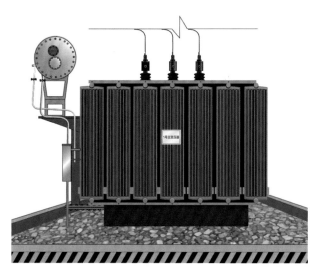

图 6-2　变压器标识

6.3　断路器标识

断路器标识如图 6-3 所示。

尺寸图（单位：mm）

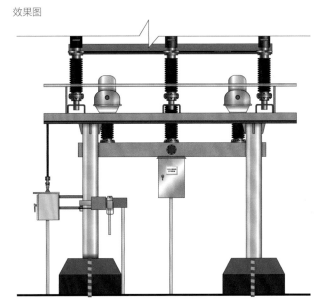

效果图

注：特殊情况，可同比例缩放。

材　　　质：1.2mm304 不锈钢激光切割，文字内容腐蚀填漆。

安装方式：铆钉固定安装。

安装位置：标识牌底沿在操作机构箱正面上、下、左、右水平
　　　　　线居中位置，面向巡检人员。

6

设备标识

图 6-3　断路器标识（220kV）（一）

尺寸图（单位：mm）

效果图

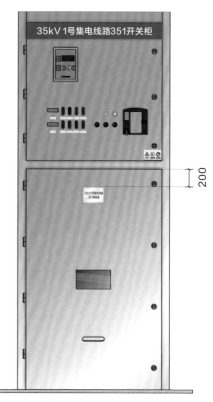

材　　质：1.2mm304不锈钢激光切割，文字内容腐蚀填漆。
安装方式：铆钉固定安装。
安装位置：断路器前后门中间位置，标识牌上沿距配电柜网门
　　　　　顶部200mm。

图6-3　断路器标识（35kV）（二）

6.4 电力线路名称、杆号及色标标识牌

电力线路名称、杆号及色标标识牌如图6-4所示。

尺寸图（单位：mm）

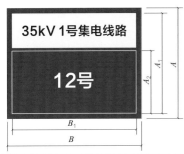

效果图

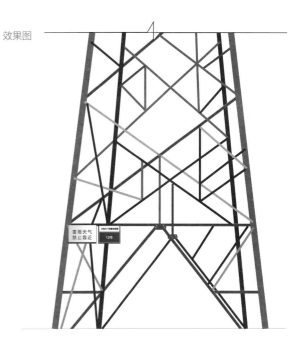

参数（kV）	B	B_1	A	A_1	A_2
10	320	300	260	240	170
35~110	400	370	320	290	190
220	500	470	400	370	245

材　　质：1.2mm 304 不锈钢折弯，文字内容烤漆丝印。

安装方式：铝材卡件固定安装。

安装位置：一般安装在铁塔下数第一节横担左侧，面向道路侧，如左侧无
　　　　　法安装，可安装与右侧。

图 6-4　电力线路名称、杆号及色标标识牌（一）

蓝（C:100 M:70） 　 中黄（M:20 Y:100） 　 绿（C:20 Y:60 K:20） 　 红（M:100 Y:100） 　 绿（C:100 K:100）

紫（C:40 M:80 K:20） 　 玫瑰红（M:100） 　 金（M:20 Y:60 K:20） 　 深绿（C:20 K:80） 　 天空蓝（C:100）中黄（M:20 Y:100）

同塔（杆）架设双回

图6-4　电力线路名称、杆号及色标标识牌（二）

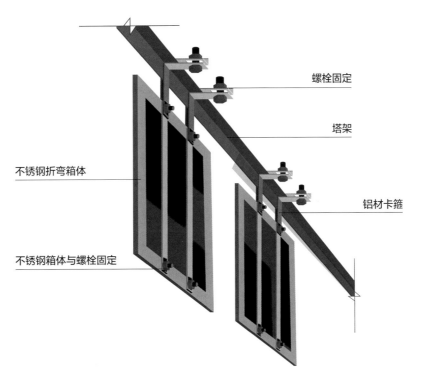

螺栓固定

塔架

不锈钢折弯箱体

铝材卡箍

不锈钢箱体与螺栓固定

图 6-4　电力线路名称、杆号及色标标识牌（三）

6.5　隔离开关标识牌

隔离开关标识牌如图6-5所示。

尺寸图（单位：mm）

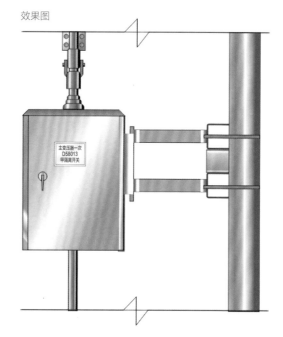

注：特殊情况，可同比例缩放。

材　　质：1.2mm 304 不锈钢激光切割，文字内容腐蚀填漆。

安装方式：铆钉固定安装。

安装位置：标识牌底沿在操作机构箱正面上、下、左、右水平线居
　　　　　中位置，如为手动式，则在不影响操作机构使用的前提
　　　　　下，自行调整安装位置。面向巡检人员。

图 6-5　隔离开关标识牌

6.6 接地开关标识牌

接地开关标识牌如图 6-6 所示。

尺寸图（单位：mm）

66kV高唐线
01007接地开关

注：特殊情况，可同比例缩放。

材　　质：1mm304 不锈钢激光切割，文字内容腐蚀填漆。
安装方式：铆钉或焊接固定。
安装位置：应安装在距操作机构左侧 200mm 处，如无法安装，
　　　　　可根据现场实际自行调整。

效果图

图 6-6　接地开关标识牌

6.7 端子箱标识

端子箱标识如图 6-7 所示。

尺寸图（单位：mm）

效果图

材　　质：1mm304 不锈钢激光切割，文字内容腐蚀填漆。
安装方式：铆钉固定安装。
安装位置：标识牌底沿在端子箱本体前后门上、下、左、右
　　　　　水平线居中位置。

图 6-7　端子箱标识

6.8 相位标识牌

相位标识牌如图 6-8 所示。

尺寸图（单位：mm）

相位标志牌的制图参数

电压（kV）	D	A
35~110	160	200
220~500	300	340
750~1000	460	500

材　　质：1mm 304 不锈钢激光切割，文字内容腐蚀填漆。
安装方式：铆钉安装。

效果图

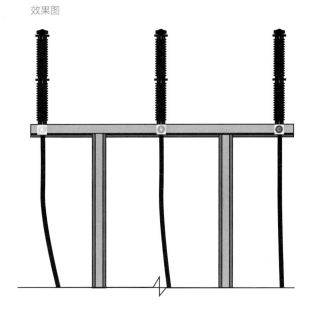

图 6-8　相位标识牌

6.9 穿墙套管标识牌

穿墙套管标识牌如图 6-9 所示。

尺寸图（单位：mm）

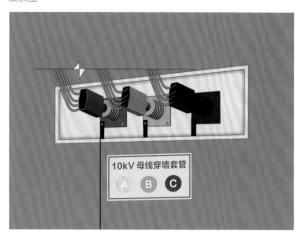

效果图

材　　质：2mm 铝板切割烤漆，文字内容丝印。
安装方式：玻璃胶固定安装。
安装位置：设备标识顶沿距穿墙套管下部 200mm。

图 6-9　穿墙套管标识牌

6.10　屏楣标识

屏楣标识如图 6-10 所示。

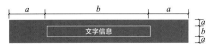

材　　质：1mm 铝板雕刻，文字内容烤漆丝印。
安装方式：玻璃胶固定安装。
颜　　色：蓝色（C:100 M:50 Y:0 K:0）

图 6-10　屏楣标识

6.11 设备状态管理牌

设备状态管理牌如图 6-11 所示。

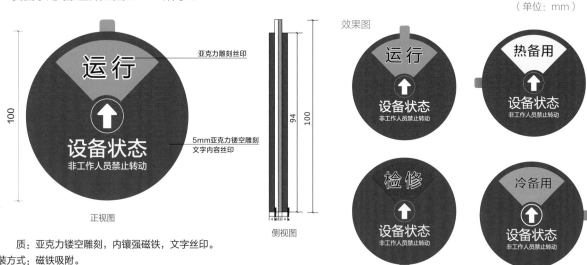

（单位：mm）

亚克力雕刻丝印

5mm亚克力镂空雕刻
文字内容丝印

正视图

效果图

侧视图

材　　质：亚克力镂空雕刻，内镶强磁铁，文字丝印。
安装方式：磁铁吸附。
颜　　色：
蓝色（C:100 M:50 Y:0 K:0），绿色（C:100 M:0 Y:100 K:0），
黄色（C:0 M:0 Y:100 K:0），红色（C:0 M:100 Y:100 K:0），
灰色（C:0 M:0 Y:0 K 40）

图 6-11　设备状态管理牌（一）

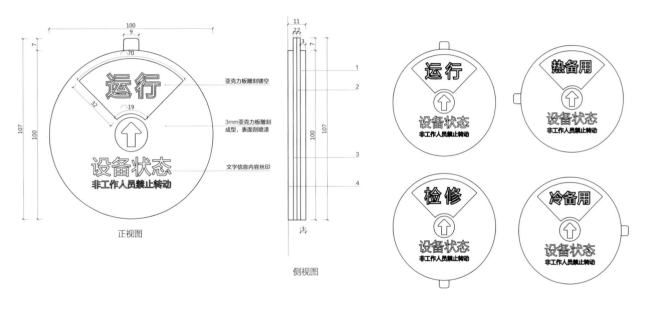

图 6-11　设备状态管理牌（二）

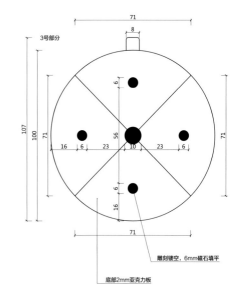

3号部分

71

107
100
71
56
6
16 6 23 10 23 6
71
16
6

雕刻镂空，6mm磁石填平

底部2mm亚克力板

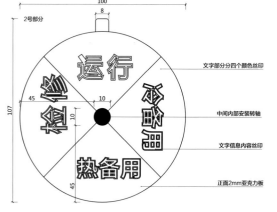

2号部分

100
8
107
45
检修
运行
10
10
受限制
45
热备用

文字部分分四个颜色丝印

中间内部安装转轴

文字信息内容丝印

正面2mm亚克力板

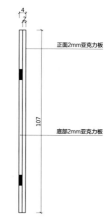

4
2

正面2mm亚克力板

107

底部2mm亚克力板

图 6-11 设备状态管理牌（三）

6.12 配电室绝缘胶垫及巡检路线标识

配电室绝缘胶垫及巡检路线标识如图 6-12 所示。

尺寸图（单位：mm）

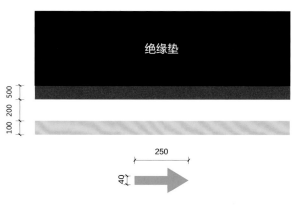

绝缘胶垫配置参数

厚度（mm）	电压等级（kV）
4	10
6	20
8	25
10	30
12	35

材　　质：环氧树脂漆。

安装方式：涂刷 2~3 遍。

颜　　色：

红色（C:0 M:100 Y:100 K:0），黄色（C:0 M:20 Y:100 K:0），

绿色（C:100 M:0 Y:100 K:0）

图 6-12　配电室绝缘胶垫及巡检路线标识

6.13　红布幔

红布幔标识如图 6-13 所示。

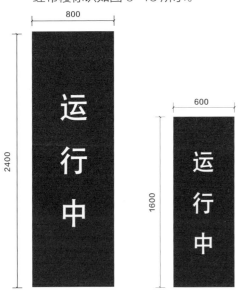

材　　质：纯棉防静电材料，四角装设磁铁。

（单位：mm）

效果图

图 6-13　红布幔标识

6.14 设备开关（空开）标识

设备开关（空开）标识如图6-14所示。

尺寸图（单位：mm）

效果图

材　　质：双色板激光雕刻。
安装方式：根据现场实际情况固定。
颜　　色：蓝色（C:100 M：50 Y:0 K:0）

图 6-14　设备开关（空开）标识

6.15　紧急逃生装置标识

紧急逃生装置标识如图 6-15 所示。

尺寸图（单位：mm）

材　　质：反光膜 UV 印刷。
安装方式：玻璃胶固定。
安装位置：距离锚点 100mm。

材　　质：反光膜 UV 印刷。
安装方式：玻璃胶固定。
安装位置：距离紧急逃生装置上部 100mm。

风电企业安全设施配置手册

图 6-15　紧急逃生装置标识

6.16 基础沉降观测点保护盒

基础沉降观测点保护盒如图 6-16 所示。

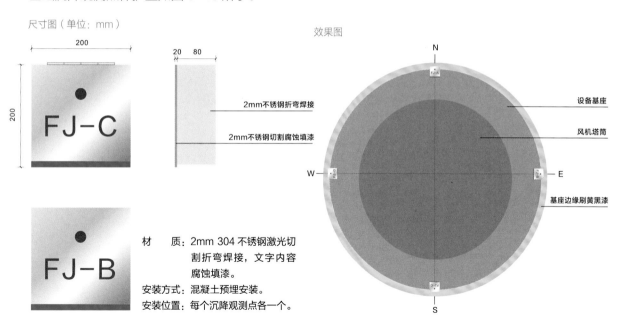

尺寸图（单位：mm）

效果图

2mm不锈钢折弯焊接

2mm不锈钢切割腐蚀填漆

设备基座

风机塔筒

基座边缘刷黄黑漆

材　　质：2mm 304 不锈钢激光切
　　　　　割折弯焊接，文字内容
　　　　　腐蚀填漆。
安装方式：混凝土预埋安装。
安装位置：每个沉降观测点各一个。

图 6-16　基础沉降观测点保护盒（一）

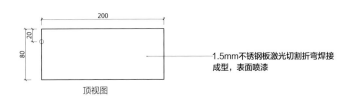

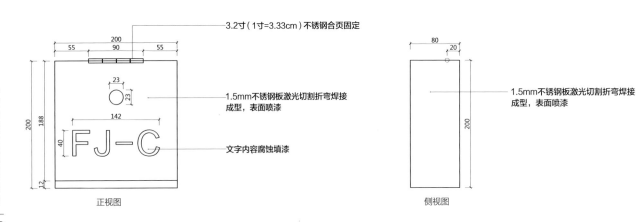

图 6-16　基础沉降观测点保护盒（二）

6.17 风电机组内部设备

风电机组内部设备如图 6-17 所示。

尺寸图（单位：mm）

材　　质：3mm 亚克力激光雕刻，文字内容背面丝印。
安装方式：玻璃胶固定安装。
安装位置：设备柜体左上角。

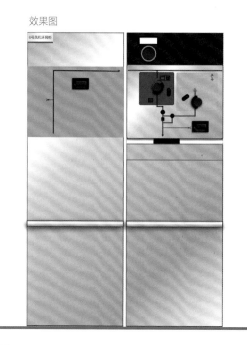

效果图

图 6-17　风电机组内部设备

6.18　避雷针标识

避雷针标识如图 6-18 所示。

尺寸图（单位：mm）

材　　质：304 不锈钢焊接折弯内置龙骨，与钢架连接。
安装方式：螺栓固定安装。
安装位置：标识牌底边距地面 1800mm，面向巡检人员。

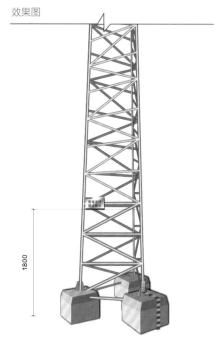

图 6-18　避雷针标识（一）

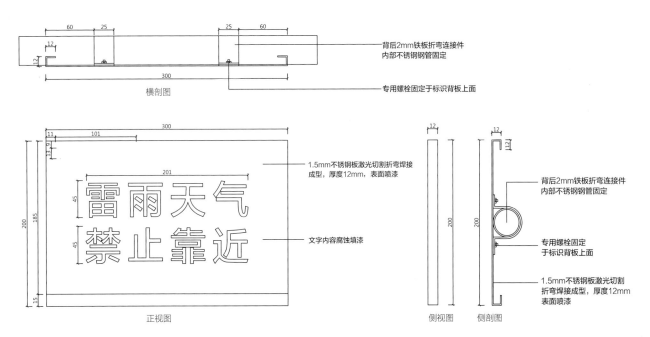

横剖图

背后2mm铁板折弯连接件
内部不锈钢钢管固定

专用螺栓固定于标识背板上面

正视图

侧视图

侧剖图

1.5mm不锈钢板激光切割折弯焊接
成型，厚度12mm，表面喷漆

文字内容腐蚀填漆

背后2mm铁板折弯连接件
内部不锈钢钢管固定

专用螺栓固定
于标识背板上面

1.5mm不锈钢板激光切割
折弯焊接成型，厚度12mm
表面喷漆

雷雨天气
禁止靠近

图 6-18　避雷针标识（二）

6.19　接地端标识

接地端标识如图 6-19 所示。

尺寸图（单位：mm）

地线接地端标志牌制作参数

型号	参数	
	A	B
甲	200	20
乙	100	10

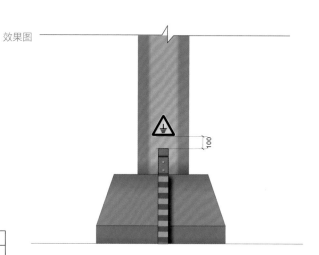

材　　质：不锈钢切割，文字内容腐蚀填漆。
安装方式：玻璃胶固定安装。
安装位置：如效果图所示。

图 6-19　接地端标识

6.20　电缆标识牌

电缆标识牌如图 6-20 所示。

尺寸图（单位：mm）

材　　质：PVC 印刷。
安装方式：挂孔安装。
安装位置：安装在电缆的首末端和分支处。

6-20　电缆标识牌

6.21　电缆沟盖板及观察孔制作

电缆沟盖板及观察孔制作如图 6-21 所示。

尺寸图（单位：mm）

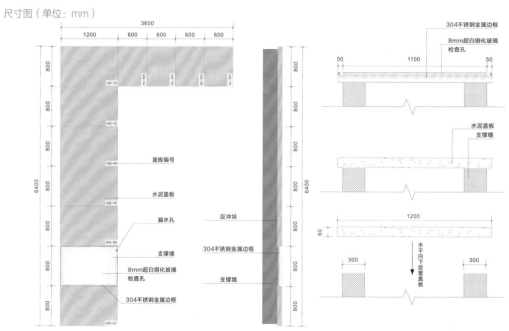

6-21　电缆沟盖板及观察孔制作

风电企业安全设施配置手册

（1）禁止阻塞线。禁止阻塞线采用由左下向右上呈45°黄色的等宽条纹，宽度为100mm，间隔100mm，长度不小于禁止阻塞物1.1倍，宽度不小于禁止阻塞物1.5倍。

（2）减速提示线。减速提示线采用由左下向右上呈45°黄色、黑色的等宽条纹，宽度为100mm，间隔100mm，也可采取减速带代替减速提示线。

（3）安全警戒线。安全警戒线采用黄色，宽度宜为100mm，间隔100mm。

（4）防止碰头线。防撞警示线采用由左下向右上呈45°黄色、黑色的等宽条纹，宽度为100mm，间隔100mm，圆柱体采用无斜角环形条纹，间隔150mm。

（5）防止绊跤线。防止绊跤线采用由左下向右上呈45°黄色、黑色的等宽条纹，宽度为100mm，间隔100mm。

（6）防止踏空线。防止踏空线采用黄色线，色条的宽度为100mm。

7.1　防止碰头线

防止碰头线如图 7-1 所示。

（单位：mm）

材　　质：环氧树脂漆（黄黑）涂刷。

设置范围和地点：标注在人行通道不足 1.8m 的障碍物上。

图 7-1　防止碰头线

7.2 防止绊脚线

防止绊脚线如图 7-2 所示。

（单位：mm）

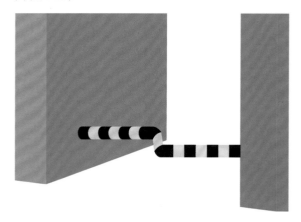

防撞警示施工尺寸

防绊警示施工尺寸

材　　质：环氧树脂漆（黄黑）涂刷。

设置范围和地点：标注在人行通道地面上高差 0.3m 以上的管线或
其他障碍物上。

图 7-2　防止绊脚线

7.3 防止踏空线

防止踏空线如图 7-3 所示。

材　　质：环氧树脂漆（黄）涂刷。
设置范围和地点：标注在楼梯的第一行台阶上；标注
在人行通道高差 0.3m 以上的边
缘处。

100mm

图 7-3　防止踏空线

7.4 设备基座

设备基座一如图 7-4 所示。

（单位：mm）

设备

设备

设备基座涂刷黄色油漆

材质：
环氧树脂漆（黄）涂刷。

平面图

设备基座立面涂刷黄黑色油漆

45°

100 100

立面图

图 7-4 设备基座一

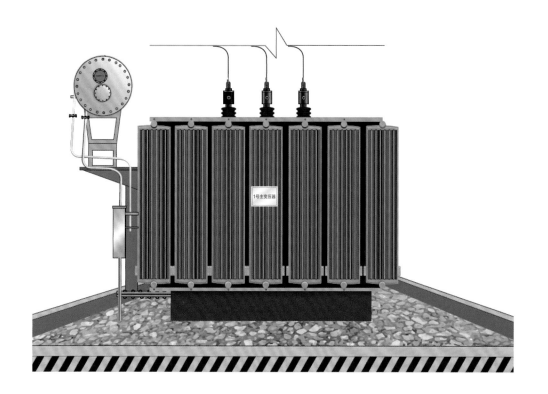

设备基座二如图 7-5 所示。

（单位：mm）

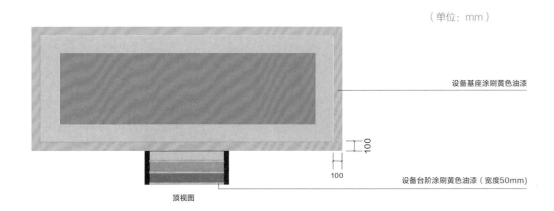

设备基座涂刷黄色油漆

100

100

设备台阶涂刷黄色油漆（宽度50mm）

顶视图

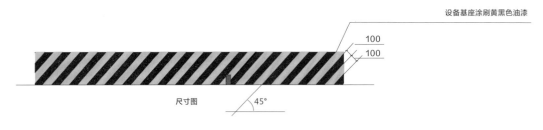

设备基座涂刷黄黑色油漆

100

100

尺寸图   45°

图 7-5   设备基座二

（单位：mm）

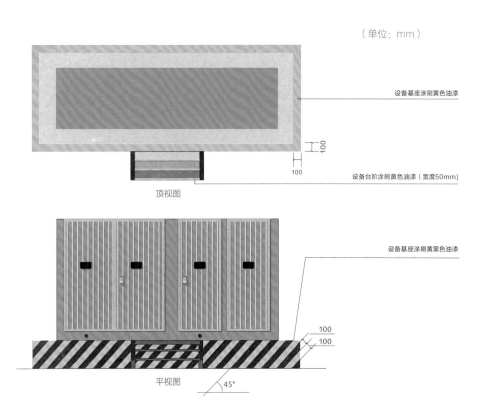

设备基座涂刷黄色油漆

100

100

设备台阶涂刷黄色油漆（宽度50mm）

顶视图

设备基座涂刷黄黑色油漆

100

100

45°

平视图

设备基座三如图 7-6 所示。

（单位：mm）

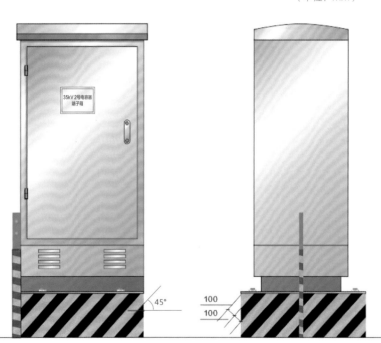

图 7-6　设备基座三

7.5 风电机组平台警示线

风电机组平台警示线如图 7-7 所示。

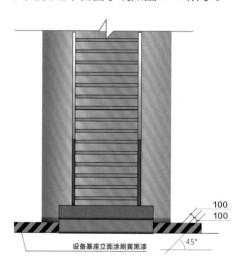

设备基座立面涂刷黄黑漆

45°

100
100

材　　质：环氧树脂漆（黄）涂刷。
安装方式：涂刷 2~3 遍。

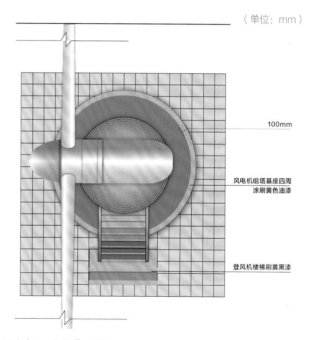

（单位：mm）

100mm

风电机组塔基座四周
涂刷黄色油漆

登风机楼梯刷黄黑漆

图 7-7　风电机组平台警示线

7.6　配电设备警示线

配电设备警示线如图 7-8 所示。

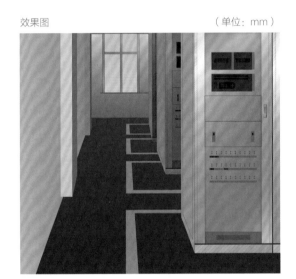

效果图　　　　　　　　　　　　（单位：mm）

材　　质：环氧树脂漆（黄）涂刷。

施工说明：

（1）划线距离设备前后距离 25cm，左右距离 20cm；

（2）当地面为水泥地面时，使用黄色聚氨酯面漆粉刷 2~3 遍，线宽 10cm；

（3）当地面是木质地板时，使用黄色反光胶带粘贴，胶带宽 10cm；

（4）拐角处警示线保持 90° 垂直。

图 7-8　配电设备警示线

7.7 挡鼠板

挡鼠板标识如图 7-9 所示。

尺寸图（单位：mm）

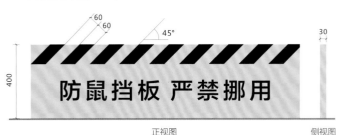

正视图　　　　　　　　　　侧视图

材　　质：1.2mm304 不锈钢折弯箱体烤漆，文字内容丝印。
安装方式：横放于门口，如效果图所示。
颜　　色：黄色（C:0 M:20 Y:100 K:0）
注　　意：挡鼠板高度统一为 400mm，长度可根据实际增加。

7

安全警示与防护

图 7-9　挡鼠板标识

7.8 安全护笼

安全护笼标识如图 7-10 所示。

尺寸图（单位：mm）

效果图

正面

背面

材　　质：1.2mm304 不锈钢切割烤漆，文字内容腐蚀填漆。
安装方式：铆钉固定安装。
安装位置：安全防护笼网门正反面。

图 7-10　安全护笼（一）

尺寸图（单位：mm）

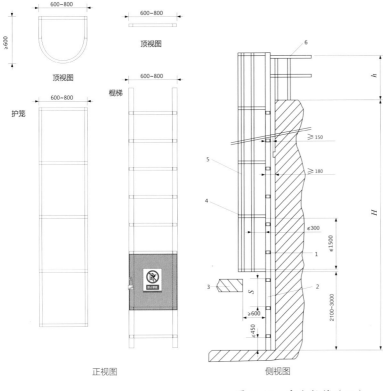

正视图

侧视图

图 7-10 安全护笼（二）

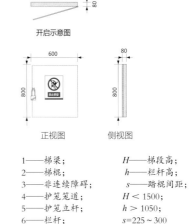

开启示意图

正视图   侧视图

1——梯梁; H——梯段高;
2——梯棍; h——栏杆高;
3——非连续障碍; s——踏棍间距;
4——护笼笼道; $H < 1500$;
5——护笼立杆; $h > 1050$;
6——栏杆; $s = 225 \sim 300$

材   料:
（1）钢直梯采用的钢材力学性能应不低于 Q235-B,
　　　并且有碳含量合格保证。
（2）支撑宜采用角钢、钢板或钢板焊接成 T 型钢制
　　　作，埋没或焊接时必须牢固可靠。

7.9　有限空间作业人员出入登记牌

有限空间作业人员出入登记牌如图 7-11 所示。

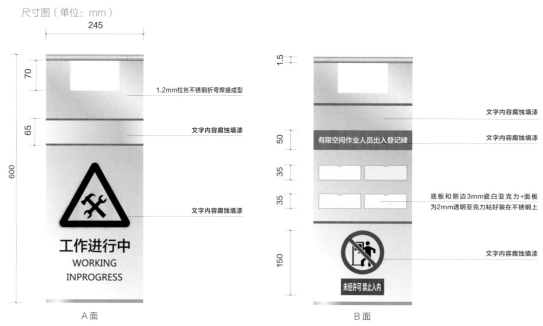

图 7-11　有限空间作业人员出入登记牌（一）

效果图 A 面

效果图 B 面

图 7-11　有限空间作业人员出入登记牌（二）

7.10　地桩式活动围栏

地桩式活动围栏如图 7-12 所示。

尺寸图（单位：mm）

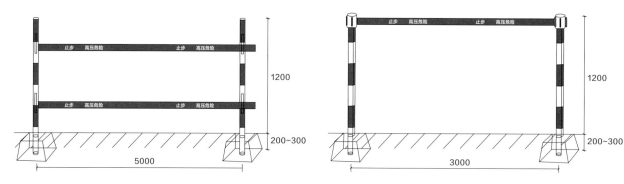

设计规范：
（1）围栏立杆应采用绝缘圆管或方管，离地高度为 1000～1200mm，埋深为 200～300mm，立杆表面应涂有红白相间反光漆。
（2）围栏预埋件应采用水泥预制件或金属材质，与立杆相配套。
（3）围栏护栏带宜采用涤纶布料，布带宽 50mm，布带两面均应采用红色，两面印有"止步，高压危险"字样。

图 7-12　地桩式活动围栏

7.11 临时隔离遮栏

临时隔离遮栏如图 7-13 所示。

（单位：mm）

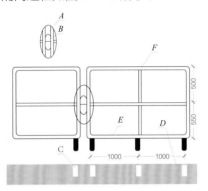

临时隔离遮栏的参数

序号	名称	规格
A	立销	$\phi15.5\times2$
B	固销	$\phi20$
C	固销	$\phi40\times3$
D	插销	$\phi33.5$
E	档销	$\phi100\times3$
F	围销	$\phi40\times3$

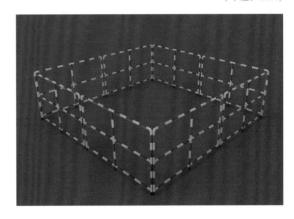

材质要求：
临时隔离遮栏全部构件采用性能不低于 Q235-A 的钢材制造。

图 7-13 临时隔离遮栏（一）

尺寸图（单位: mm）

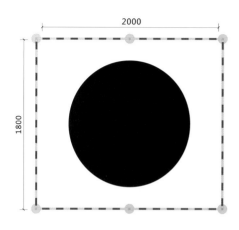

材质要求:

临时隔离遮栏全部构件采用性能不低于 Q235-A 的钢材制造。

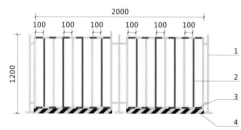

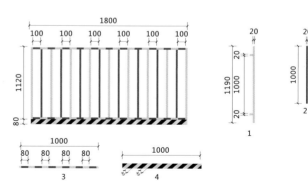

图 7-13 临时隔离遮栏（二）

效果图

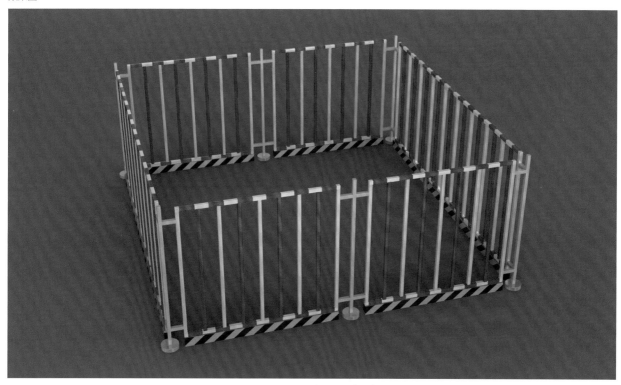

图 7-13 临时隔离遮栏 （三）

效果图

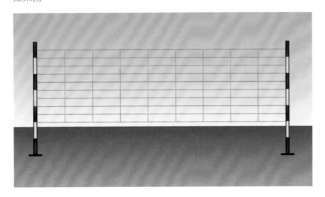

（a）临时提示遮栏 1

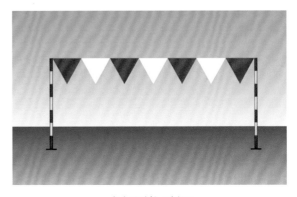

（b）临时提示遮栏 2

设计规范：

（1）围栏立杆宜采用绝缘管或不锈钢管制作，高度为 1000~1220 mm，立杆表面应涂有红白相间反光漆。用于室内的临时围栏立杆可采用不锈钢管制作，不锈钢管立杆无需红白相间色；条件不允许的情况下，也可暂时利用稳固可靠的设备构支架或者专用支柱代替围栏立杆。

（2）围栏底座宜采用金属或塑料，应保证足够的稳定，不易倾覆。

（3）小旗绳由绳子和三角小旗组成，绳子为白色，红、白两色小旗相间悬挂，如图 7-13（b）所示。

（4）网式围栏宜用麻绳或尼龙绳编织，由红、白两色相间组成。

风电企业安全设施配置手册

138

图 7-13　临时隔离遮栏（四）

7.12　变电站安全围栏方案

变电站安全围栏方案见图 7-14。

尺寸图（单位：mm）

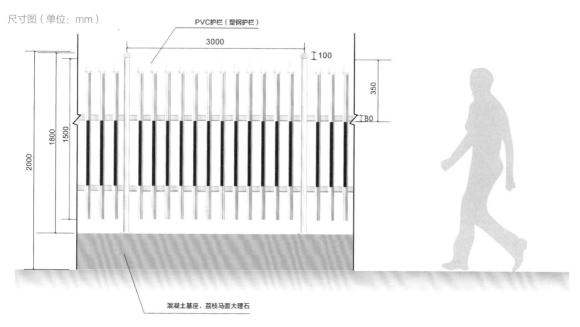

图 7-14　变电站安全围栏方案（一）

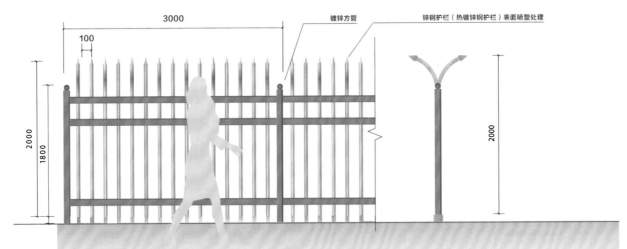

尺寸图（单位：mm）

3000

100

2000

1800

镀锌方管

锌钢护栏（热镀锌钢护栏）表面喷塑处理

2000

图 7-14　变电站安全围栏方案（二）

风电企业安全设施配置手册

140

7.13 安全防护栏

安全防护栏如图 7-15 所示。

尺寸图（单位：mm）

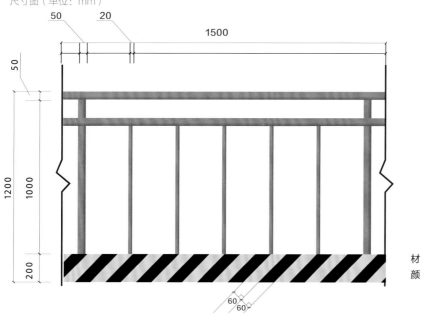

材　　质：环氧树脂漆（黄、黑）涂刷。
颜　　色：黄色（C:0 M:20 Y:100 K:0）

图 7-15　安全防护栏

7.14 井盖盖板

井盖盖板如图 7-16 所示。

尺寸图（单位：mm）

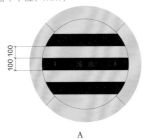

A

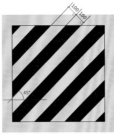

B

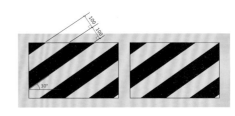

C

材　　质：环氧树脂漆（黄）涂刷。
安装方式：涂刷 2~3 遍。

效果图

图 7-16　井盖盖板

7.15　升压站巡检路线

升压站巡检路线如图 7-17 所示。

尺寸图（单位：mm）

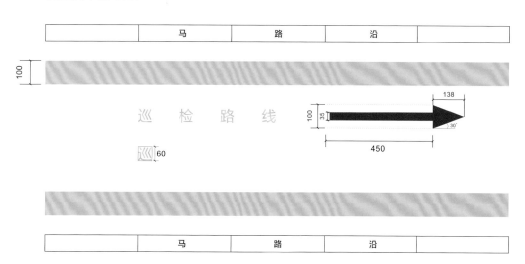

材　　质：环氧树脂漆（黄）涂刷。
安装方式：涂刷 2~3 遍。

图 7-17　升压站巡检路线（一）

尺寸图（单位：mm）

材　　质：环氧树脂漆（黄）涂刷。
安装方式：涂刷2~3遍。

图 7-17　升压站巡检路线（二）

7.16　安全帽

安全帽实行分色管理，红色安全帽为管理人员使用，黄色安全帽为运行人员使用，蓝色安全帽为检修（施工、试验等）人员使用，白色安全帽为外来参观人员使用，并按编号定置存放。安全帽如图 7-18 所示。

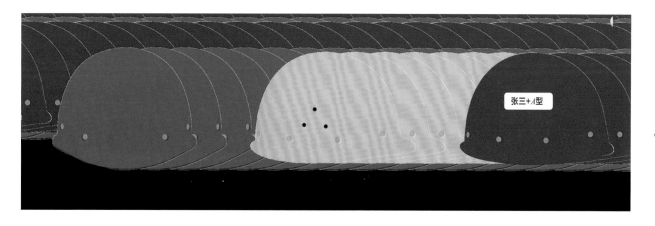

张三+A型

图 7-18　安全帽

7.17 安全帽标签

安全帽标签如图 7-19 所示。

尺寸图（单位：mm）

示例图

效果图

材　　质：不干胶。
颜　　色：不干胶底色为白色，字体为方正兰亭准黑。

图 7-19　安全帽标签

7.18　安全工器具柜

安全工器具柜如图 7-20 所示。

尺寸图（单位：mm）

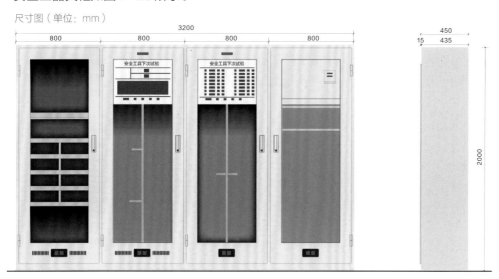

制作工艺：冷轧钢板，卷压焊接成型，钢板厚度 1.5mm。
安装位置：摆放到安全工具柜间。
颜　　色：红（C:0 M:100 Y:100 K:0），驼灰色（C:5 M:10 Y:5 K:20）

图 7-20　安全工器具柜（一）

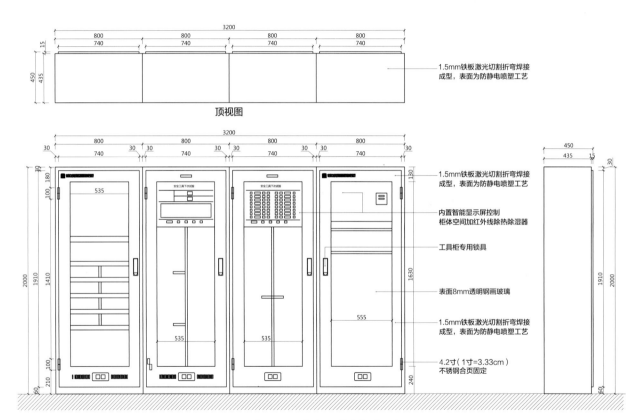

顶视图

1.5mm铁板激光切割折弯焊接成型，表面为防静电喷塑工艺

1.5mm铁板激光切割折弯焊接成型，表面为防静电喷塑工艺

内置智能显示屏控制柜体空间加红外线除热除湿器

工具柜专用锁具

表面8mm透明钢画玻璃

1.5mm铁板激光切割折弯焊接成型，表面为防静电喷塑工艺

4.2寸（1寸=3.33cm）不锈钢合页固定

图 7-20　安全工器具柜（二）

风电企业安全设施配置手册

8 交通标识

8.1　限速与限高标识牌

限速与限高标识牌如图 8-1 所示。

尺寸图（单位：mm）

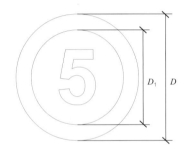

限速和限高标识牌尺寸参数

参数种类	D	D_1
甲	600	400
乙	800	600

图 8-1　限速与限高标识牌

风电企业安全设施配置手册

8.2 限速牌

限速牌如图 8-2 所示。

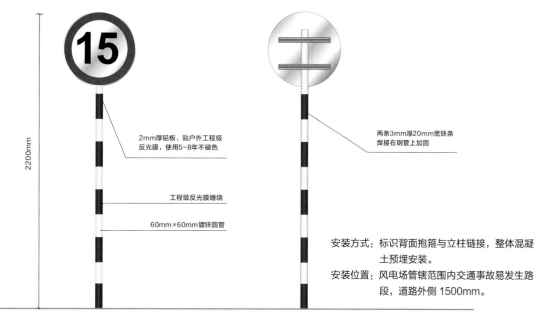

2mm厚铝板，贴户外工程级
反光膜，使用5~8年不褪色

两条3mm厚20mm宽铁条
焊接在钢管上加固

工程级反光膜缠绕

60mm×60mm镀锌圆管

2200mm

安装方式：标识背面抱箍与立柱链接，整体混凝
土预埋安装。

安装位置：风电场管辖范围内交通事故易发生路
段，道路外侧 1500mm。

图 8-2　限速牌

8.3　反光镜

反光镜标识如图 8-3 所示。

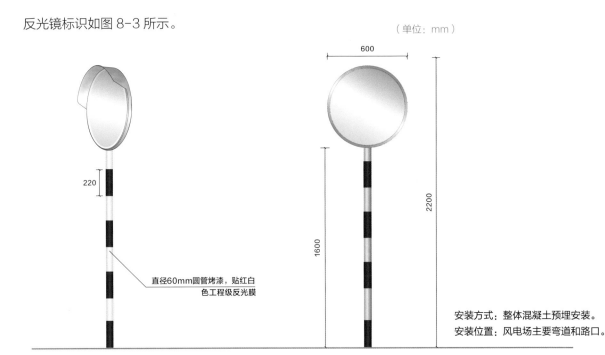

（单位：mm）

图 8-3　反光镜标识

风电企业安全设施配置手册

8.4 车位画线

车位画线如图 8-4 所示。

（单位：mm）

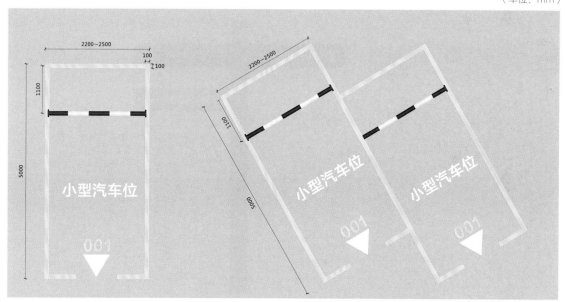

正面停车位划线   斜面停车位划线

图 8-4　车位画线

8.5 风电机组路口指示标识

风电机组路口指示标识如图 8-5 所示。

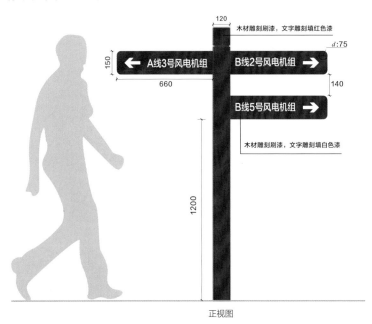

图 8-5 风电机组路口指示标识（一）

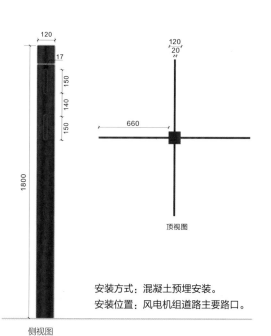

120

17

150
140
150

1800

120
20

660

顶视图

安装方式：混凝土预埋安装。
安装位置：风电机组道路主要路口。

侧视图

图 8-5　风电机组路口指示标识（二）

效果图

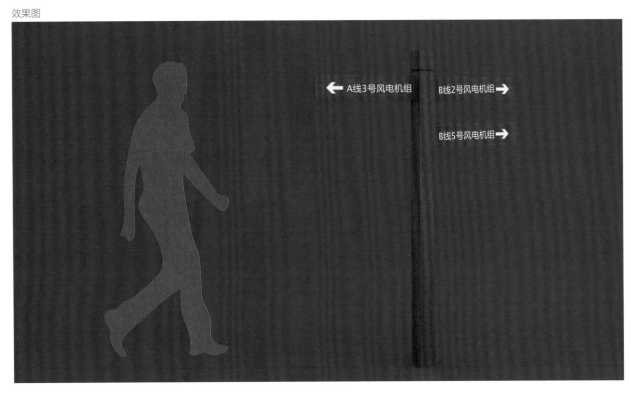

图 8-5　风电机组路口指示标识（三）

风电企业安全设施配置手册

配置手册

---

9 安全管理展板

9.1 管理展板

管理展板如图 9-1 所示。

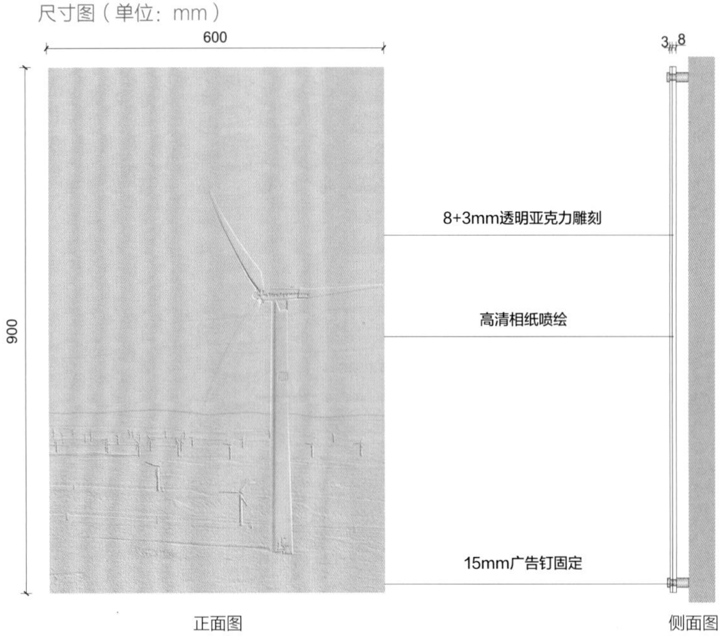

尺寸图（单位：mm）
600
900
3
8
8+3mm透明亚克力雕刻
高清相纸喷绘
15mm广告钉固定
正面图
侧面图

图 9-1 管理展板

安装方式：广告钉固定安装。

风电场控制室：需具备一次系统图、交接班制度、风机分布图、安全生产禁令。根据实际情况决定是否放置直流系统图、消防及火灾自动报警系统图。

会议室：根据实际情况决定是否配置安全企业理念挂图、风机图片等。

风电场办公室：设备巡回检查路线图、岗位职责、安全管理制度、组织机构图等。

设计标准

横版	1100×600
竖版	900×600